经济数学基础丛书

丛书主编　陶前功

线性代数习题课教程

黄振东　陆健华　主编

科学出版社

北　京

内 容 简 介

本书根据普通高等院校经济类、管理类线性代数课程的教学大纲和考研大纲编写而成. 全书共6章, 主要内容包括行列式、矩阵、线性方程组、矩阵的特征值和特征向量、二次型. 本书安排了各章知识点小结、考研数学大纲要求、典型例题和练习题. 通过以上内容的系统学习和训练, 学生可准确理解线性代数的基础知识, 熟练掌握线性代数的基本方法和基本技能, 为进一步学习打下扎实基础.

本书可作为普通高等院校经济类、管理类线性代数的习题课教材, 也可作为学生参加硕士研究生入学考试的复习参考书.

图书在版编目(CIP)数据

线性代数习题课教程 / 黄振东, 陆健华主编. —北京: 科学出版社, 2019.8

(经济数学基础丛书 / 陶前功主编)

ISBN 978-7-03-062022-4

Ⅰ. ①线… Ⅱ. ①黄… ②陆… Ⅲ. ①线性代数-高等学校-习题集 Ⅳ. ① O151.2-44

中国版本图书馆 CIP 数据核字(2019)第 162571 号

责任编辑: 谭耀文 李 萍 / 责任校对: 杨 赛
责任印制: 彭 超 / 封面设计: 苏 波

科学出版社 出版
北京东黄城根北街 16 号
邮政编码: 100717
http://www.sciencep.com

武汉市首壹印务有限公司 印刷

科学出版社发行 各地新华书店经销

*

2019 年 8 月第 一 版 开本: 787 × 1092 1/16
2019 年 8 月第一次印刷 印张: 10 1/2
字数: 245 000

定价: 35.00 元

(如有印装质量问题, 我社负责调换)

前　言

线性代数在经济科学、管理科学及其他领域都有着十分广泛的应用，是普通高等院校开设的通识必修课. 该课程具有严密的符号体系和独特的公式结构，课程内容高度抽象，逻辑极其严密，因此都安排有习题课，通过习题课的教学，以习题为载体，帮助学生更好地理解抽象的概念和性质，掌握课程所要求的基础知识和基本技能. 美国著名的数学教育家 G. 波利亚在名著《怎样解题》的第一部分 “在教室中”，告诉教师如何帮助学生解题，由此可见习题课的教学是线性代数教学活动中不可或缺的一个环节. 为此我们组织了一批有丰富教学经验的教师编写了专门为习题课教学使用的教材，本书为教师提供丰富的习题课素材，并且统一教学的深度和广度标准.

本书依据教育部《经济管理类数学课程教学基本要求》，兼顾学生考研需要编写. 每章都安排有知识点小结和考研数学大纲要求，同时配备了典型例题和练习题. 例题经典全面，练习题题型多样，可作为普通高等院校、独立学院经济类、管理类专业学生的习题课教材，便于习题课使用.

本书主要内容包括：线性方程组的消元法与矩阵的初等变换、行列式、矩阵、线性方程组、特征值与特征向量、二次型.

本书由黄振东、陆健华任主编，负责全书的框架结构安排，以及统稿、定稿，徐旭、沈卉卉任副主编. 全书分为 6 章，分别由陆健华(第 1，2 章)、徐旭(第 3 章)、黄振东(第 4 章)、沈卉卉(第 5，6 章)编写，王玉宝、徐勇、刘云芳、朱奋秀参与了部分习题的编辑整理工作，陶前功教授为本书的编写提出了指导性意见.

本书在编写过程中参考了众多优秀教材和教学参考书，本书的出版得到了科学出版社领导和编辑的帮助与支持，在此一并致谢!

由于编者水平有限，书中难免存在疏漏之处，敬请广大专家、同行和读者批评指正，以便本书在教学实践中不断完善.

编　者

2019 年 5 月

目　　录

第 1 章　线性方程组的消元法与矩阵的初等变换

1.1　知识点小结

1.1.1　n 元线性方程组及消元法

1. n 元线性方程组

n 个未知量 $x_1,x_2,\cdots,x_n$ 满足 m 个方程的 n 元线性方程组的一般形式为

$$\begin{cases} a_{11}x_1+a_{12}x_2+\cdots+a_{1n}x_n=b_1, \\ a_{21}x_1+a_{22}x_2+\cdots+a_{2n}x_n=b_2, \\ \qquad\qquad\cdots\cdots \\ a_{m1}x_1+a_{m2}x_2+\cdots+a_{mn}x_n=b_m, \end{cases}$$

其中 $a_{ij}(i=1,2,\cdots,m;j=1,2,\cdots,n)$ 是第 i 个方程第 j 个未知量 x_j 的系数，$b_i(i=1,2,\cdots,m)$ 是第 i 个方程的常数项. 当常数项均为零时，该方程组称为**齐次线性方程组**；当常数项不全为零时，该方程组称为**非齐次线性方程组**.

2. 消元法

通过消元过程对线性方程组作同解变形，将其化为阶梯形方程组. 再根据阶梯形方程组判断其解的情况. 若有解，则通过回代过程对阶梯形方程组进行同解变形，将其化为最简方程组，从而得出原方程组的解.

1.1.2　矩阵及其初等变换

1. 矩阵

$m\times n$ 矩阵　由 $m\times n$ 个数 $a_{ij}(i=1,2,\cdots,m;j=1,2,\cdots,n)$ 排成的 m 行 n 列的数表

$$\begin{matrix} a_{11} & a_{12} & \cdots & a_{1n} \\ a_{21} & a_{22} & \cdots & a_{2n} \\ \vdots & \vdots & & \vdots \\ a_{m1} & a_{m2} & \cdots & a_{mn} \end{matrix}$$

称为 **m 行 n 列矩阵**，简称 **$m\times n$ 矩阵**，为表示它是一个整体，通常加一个圆括号或方括号，并用大写黑斜体字母表示，记作

$$A=\begin{pmatrix} a_{11} & a_{12} & \cdots & a_{1n} \\ a_{21} & a_{22} & \cdots & a_{2n} \\ \vdots & \vdots & & \vdots \\ a_{m1} & a_{m2} & \cdots & a_{mn} \end{pmatrix},$$

有时也简写为 $A_{m\times n}$, $A=(a_{ij})_{m\times n}$ 或 $A=(a_{ij})$.

n 元线性方程组的增广矩阵　n 元线性方程组的未知量的系数和常数项所确定的矩阵

$$\begin{pmatrix} a_{11} & a_{12} & \cdots & a_{1n} & b_1 \\ a_{21} & a_{22} & \cdots & a_{2n} & b_2 \\ \vdots & \vdots & & \vdots & \vdots \\ a_{m1} & a_{m2} & \cdots & a_{mn} & b_m \end{pmatrix}$$

称为 **n 元线性方程组的增广矩阵**.

n 元线性方程组由它的增广矩阵唯一确定.

2. 初等变换

下面三种变换称为矩阵的**初等行变换**:

(1) 交换两行(交换第 i,j 行, 记作 $r_i \leftrightarrow r_j$);

(2) 以一个非零的数 k 乘以某一行中的所有元素(第 i 行乘 k $(k\neq 0)$, 记作 $r_i\times k$);

(3) 把矩阵的某一行的所有元素的 k 倍加到另一行对应的元素上去(第 j 行乘以 k 加到第 i 行上去, 记作 r_i+kr_j).

把以上的“行”变成“列”即得矩阵的初等列变换的定义, 所用记号是把“r”换成“c”. 矩阵的**初等行变换**和**初等列变换**统称为**初等变换**.

n 元线性方程组的消元法其实就是对它的增广矩阵进行初等行变换.

注: 解 n 元线性方程组时一般不能对其增广矩阵进行初等列变换. 如有需要交换未知量的顺序，能进行的唯一的初等列变换就是交换两列，即 $c_i\leftrightarrow c_j$.

3. 行阶梯形矩阵

其特点是: 可画出一条阶梯线, 线的下方全为零; 每个台阶只有一行, 台阶数即是非零行的行数. 阶梯线的竖线(每段竖线的长度为一行)后面的第一个元素为非零元, 这个元素是非零行的第一个非零元, 叫非零首元.

阶梯形方程组的增广矩阵就是行阶梯形矩阵.

4. 行最简形矩阵

其特点是: 在行阶梯形矩阵中非零首元取值为 1; 非零首元所在的列的其他元素都为 0.

最简方程组的增广矩阵就是行最简形矩阵.

5. 初等变换求解线性方程组的方法

通过对线性方程组的增广矩阵进行初等行变换, 将其化为行阶梯形矩阵. 再根据行阶梯形矩阵判断其解的情况. 若有解, 则对行阶梯形矩阵继续进行初等行变换, 将其化为行最简形矩阵, 从而得出原方程组的解.

1.2　考研数学大纲要求

1.2.1　考试内容

矩阵的概念; 矩阵的初等变换.

1.2.2　考试要求

(1) 理解矩阵的概念, 了解矩阵的初等变换.

(2) 掌握用初等行变换求解线性方程组的方法.

1.3　典 型 例 题

例 1　写出线性方程组 $\begin{cases} x_1+x_2+x_4=5, \\ 2x_2-x_3+4x_4=-2, \\ 2x_1-x_3-5x_4=-2, \\ 3x_1+x_2+2x_3=0 \end{cases}$ 的系数矩阵和增广矩阵.

解　系数矩阵为 $\boldsymbol{A}=\begin{pmatrix} 1 & 1 & 0 & 1 \\ 0 & 2 & -1 & 4 \\ 2 & 0 & -1 & -5 \\ 3 & 1 & 2 & 0 \end{pmatrix}$, 增广矩阵为 $\boldsymbol{B}=\begin{pmatrix} 1 & 1 & 0 & 1 & 5 \\ 0 & 2 & -1 & 4 & -2 \\ 2 & 0 & -1 & -5 & -2 \\ 3 & 1 & 2 & 0 & 0 \end{pmatrix}$.

注: 如果第 i $(i=1,2,\cdots,m)$ 个方程缺少第 j $(j=1,2,\cdots,n)$ 个未知数, 那么在系数矩阵和增广矩阵里元素 $a_{ij}=0$.

例 2　判断下列矩阵哪些是行阶梯形矩阵, 哪些是行最简形矩阵.

(1) $\begin{pmatrix} 2 & 1 & 4 & 3 \\ 0 & 0 & -1 & 0 \end{pmatrix}$;　(2) $\begin{pmatrix} 2 & 3 & 1 \\ 0 & 0 & 2 \\ 0 & 0 & 1 \end{pmatrix}$;　(3) $\begin{pmatrix} 1 & 0 & 0 \\ 0 & 0 & 0 \\ 0 & 0 & 1 \end{pmatrix}$;

(4) $\begin{pmatrix} 0 & 1 \\ 0 & 0 \\ 0 & 0 \end{pmatrix}$;　(5) $\begin{pmatrix} 1 & 3 & 7 \\ 0 & 0 & 1 \\ 0 & 1 & 4 \end{pmatrix}$;　(6) $\begin{pmatrix} 1 & 1 & -1 \\ 0 & 1 & 3 \\ 0 & 0 & 0 \end{pmatrix}$;

(7) $\begin{pmatrix} 1 & 0 & 0 & 5 & 4 \\ 0 & 1 & 0 & 3 & -1 \\ 0 & 0 & 1 & -3 & 5 \end{pmatrix}$;　(8) $\begin{pmatrix} 0 & 1 & 0 & 1 \\ 0 & 0 & 1 & -2 \\ 0 & 0 & 0 & 0 \end{pmatrix}$.

解 行阶梯形矩阵有(1)(4)(6)(7)(8), 行最简形矩阵有(4)(7)(8).

例 3 如果例 2 的 8 个矩阵是线性方程组的增广矩阵, 讨论这些方程组是否有解, 若有解, 判断解的个数.

解 有解的线性方程组有(1)(6)(7)(8), 有唯一解的线性方程组有(6), 有无穷多解的线性方程组有(1)(7)(8).

例 4 用矩阵的初等变换求解下列线性方程组:

(1) $\begin{cases} 4x_1 - 2x_2 + 2x_3 = 2, \\ x_1 + 2x_2 - x_3 = 2, \\ x_1 + 7x_2 - 4x_3 = 5; \end{cases}$ (2) $\begin{cases} x_1 + 2x_2 + x_3 = 3, \\ -x_1 + x_2 - x_3 = 0, \\ 5x_2 - 2x_3 = 7, \\ 4x_1 + 6x_2 = 14. \end{cases}$

解 (1) 线性方程组的增广矩阵为

$$\boldsymbol{B} = \begin{pmatrix} 4 & -2 & 2 & 2 \\ 1 & 2 & -1 & 2 \\ 1 & 7 & -4 & 5 \end{pmatrix},$$

对增广矩阵进行初等行变换有

$$\boldsymbol{B} = \begin{pmatrix} 4 & -2 & 2 & 2 \\ 1 & 2 & -1 & 2 \\ 1 & 7 & -4 & 5 \end{pmatrix} \xrightarrow{r_1 \leftrightarrow r_2} \begin{pmatrix} 1 & 2 & -1 & 2 \\ 4 & -2 & 2 & 2 \\ 1 & 7 & -4 & 5 \end{pmatrix}$$

$$\xrightarrow[r_3 - r_1]{r_2 - 4r_1} \begin{pmatrix} 1 & 2 & -1 & 2 \\ 0 & -10 & 6 & -6 \\ 0 & 5 & -3 & 3 \end{pmatrix} \xrightarrow{r_2 \div (-2)} \begin{pmatrix} 1 & 2 & -1 & 2 \\ 0 & 5 & -3 & 3 \\ 0 & 5 & -3 & 3 \end{pmatrix}$$

$$\xrightarrow{r_3 - r_2} \begin{pmatrix} 1 & 2 & -1 & 2 \\ 0 & 5 & -3 & 3 \\ 0 & 0 & 0 & 0 \end{pmatrix} \xrightarrow{r_2 \div 5} \begin{pmatrix} 1 & 2 & -1 & 2 \\ 0 & 1 & -\frac{3}{5} & \frac{3}{5} \\ 0 & 0 & 0 & 0 \end{pmatrix}$$

$$\xrightarrow{r_1 - 2r_2} \begin{pmatrix} 1 & 0 & \frac{1}{5} & \frac{4}{5} \\ 0 & 1 & -\frac{3}{5} & \frac{3}{5} \\ 0 & 0 & 0 & 0 \end{pmatrix}.$$

行最简形矩阵对应的方程组为

$$\begin{cases} x_1 = -\frac{1}{5}x_3 + \frac{4}{5}, \\ x_2 = \frac{3}{5}x_3 + \frac{3}{5}. \end{cases}$$

取 $x_3=c$ (c 为任意常数), 故得原方程组的解为 $\begin{cases} x_1=-\dfrac{1}{5}c+\dfrac{4}{5}, \\ x_2=\dfrac{3}{5}c+\dfrac{3}{5}, \\ x_3=c, \end{cases}$ 其中 c 为任意常数.

(2) 线性方程组的增广矩阵为

$$\boldsymbol{B}=\begin{pmatrix} 1 & 2 & 1 & 3 \\ -1 & 1 & -1 & 0 \\ 0 & 5 & -2 & 7 \\ 4 & 6 & 0 & 14 \end{pmatrix},$$

对增广矩阵进行初等行变换有

$$\boldsymbol{B}=\begin{pmatrix} 1 & 2 & 1 & 3 \\ -1 & 1 & -1 & 0 \\ 0 & 5 & -2 & 7 \\ 4 & 6 & 0 & 14 \end{pmatrix} \xrightarrow[r_4-4r_1]{r_2+r_1} \begin{pmatrix} 1 & 2 & 1 & 3 \\ 0 & 3 & 0 & 3 \\ 0 & 5 & -2 & 7 \\ 0 & -2 & -4 & 2 \end{pmatrix}$$

$$\xrightarrow[r_4\div(-2)]{r_2\div 3} \begin{pmatrix} 1 & 2 & 1 & 3 \\ 0 & 1 & 0 & 1 \\ 0 & 5 & -2 & 7 \\ 0 & 1 & 2 & -1 \end{pmatrix} \xrightarrow[r_4-r_2]{r_3-5r_2} \begin{pmatrix} 1 & 2 & 1 & 3 \\ 0 & 1 & 0 & 1 \\ 0 & 0 & -2 & 2 \\ 0 & 0 & 2 & -2 \end{pmatrix}$$

$$\xrightarrow[r_4-2r_3]{r_3\div(-2)} \begin{pmatrix} 1 & 2 & 1 & 3 \\ 0 & 1 & 0 & 1 \\ 0 & 0 & 1 & -1 \\ 0 & 0 & 0 & 0 \end{pmatrix} \xrightarrow[r_1-r_3]{r_1-2r_2} \begin{pmatrix} 1 & 0 & 0 & 2 \\ 0 & 1 & 0 & 1 \\ 0 & 0 & 1 & -1 \\ 0 & 0 & 0 & 0 \end{pmatrix}.$$

故原方程组的唯一解为 $\begin{cases} x_1=2, \\ x_2=1, \\ x_3=-1. \end{cases}$

1.4 练　习　题

一、判断题.

1. 解线性方程组可以对其增广矩阵进行三种初等列变换.　(　　)

2. 行最简形矩阵一定是行阶梯形矩阵.　(　　)

二、选择题.

1. 线性方程组 $\begin{cases} x_1 + 2x_2 = 5, \\ 3x_1 + 6x_2 = 15 \end{cases}$ 解的情况是(　　).

A. 无解　　B. 只有零解　　C. 有唯一解　　D. 有无穷多解

2. 若线性方程组的增广矩阵为 $\boldsymbol{B} = \begin{pmatrix} 1 & \lambda & 2 \\ 2 & 1 & 0 \end{pmatrix}$，则当 $\lambda =$(　　)时线性方程组无解.

A. $\frac{1}{2}$　　B. 0　　C. 1　　D. 2

3. 下列 4 个矩阵中行最简形矩阵有(　　)个.

$$\boldsymbol{A}_1 = \begin{pmatrix} 1 & 0 & 0 & 0 \\ 0 & 1 & -1 & 0 \\ 0 & 0 & 0 & 1 \\ 0 & 0 & 0 & 0 \end{pmatrix}, \quad \boldsymbol{A}_2 = \begin{pmatrix} 0 & 1 & 0 & 0 \\ 0 & 0 & 1 & 0 \\ 0 & 0 & 0 & 1 \\ 0 & 0 & 0 & 0 \end{pmatrix},$$

$$\boldsymbol{A}_3 = \begin{pmatrix} 1 & -4 & 0 & 0 \\ 0 & 0 & 1 & 0 \\ 0 & 0 & 1 & 0 \\ 0 & 0 & 0 & 0 \end{pmatrix}, \quad \boldsymbol{A}_4 = \begin{pmatrix} 1 & 1 & 0 & 0 \\ 0 & 0 & 1 & 0 \\ 0 & 0 & 0 & 1 \\ 3 & 0 & 0 & 0 \end{pmatrix}.$$

A. 1　　B. 2　　C. 3　　D. 4

三、将下列矩阵化成行最简形矩阵.

1. $\begin{pmatrix} 1 & -1 & 5 & -1 \\ 3 & -1 & 8 & 1 \\ 1 & 3 & -9 & 7 \end{pmatrix}$.

2. $\begin{pmatrix} 1 & -1 & 1 & -2 \\ -1 & 2 & -1 & 2 \\ 2 & 0 & -1 & 2 \end{pmatrix}$.

3. $\begin{pmatrix} 1 & 1 & 2 & 3 \\ 1 & 3 & 6 & 1 \\ 1 & 5 & 10 & -1 \\ 3 & 5 & 10 & 7 \end{pmatrix}$.

四、用矩阵的初等变换求解下列线性方程组.

1. $\begin{cases} x_1 + x_3 = 2, \\ x_1 + 2x_2 - x_3 = 0, \\ 2x_1 + x_2 + x_3 = 2. \end{cases}$

2. $\begin{cases} x_1 - x_2 + x_4 = 2, \\ x_1 - 2x_2 + x_3 + 4x_4 = 3, \\ 2x_1 - 3x_2 + x_3 + 5x_4 = 5. \end{cases}$

第 2 章 行 列 式

2.1 知识点小结

2.1.1 行列式的概念

1. 二阶、三阶行列式

(1) 二阶、三阶行列式是由解一类特殊的二元、三元线性方程组引入的.

(2) 二阶、三阶行列式可由对角线法则计算.

$$\begin{vmatrix} a_{11} & a_{12} \\ a_{21} & a_{22} \end{vmatrix} = a_{11}a_{22} - a_{12}a_{21},$$

$$\begin{vmatrix} a_{11} & a_{12} & a_{13} \\ a_{21} & a_{22} & a_{23} \\ a_{31} & a_{32} & a_{33} \end{vmatrix} = a_{11}a_{22}a_{33} + a_{12}a_{23}a_{31} + a_{13}a_{21}a_{32}$$

$$- a_{13}a_{22}a_{31} - a_{12}a_{21}a_{33} - a_{11}a_{23}a_{32}.$$

2. n 阶行列式

1) 排列与逆序

排列 由正整数$1,2,\cdots,n$组成的不重复的每一种有确定次序的数列, 称为一个n级**排列**, 简称**排列**, 记作$i_1i_2\cdots i_n$. n 级**排列**共有$n!$个.

逆序 在一个n级排列$i_1i_2\cdots i_t\cdots i_s\cdots i_n$中, 如果$i_t > i_s$, 则称数$i_t$与$i_s$构成一个**逆序**, 一个排列中逆序的总数称为该排列的**逆序数**, 记为$N(i_1i_2\cdots i_n)$.

排列的奇偶性 逆序数为奇数的排列为**奇排列**, 逆序数为偶数的排列为**偶排列**.

2) n 阶行列式的定义

***n* 阶行列式** n^2个元素$a_{ij}(i,j=1,2,\cdots,n)$组成

$$D_n = \begin{vmatrix} a_{11} & a_{12} & \cdots & a_{1n} \\ a_{21} & a_{22} & \cdots & a_{2n} \\ \vdots & \vdots & & \vdots \\ a_{n1} & a_{n2} & \cdots & a_{nn} \end{vmatrix},$$

称之为n**阶行列式**, 简记为$D=\det(a_{ij})$或$|a_{ij}|$. 称a_{ij}为n阶行列式的元素, 规定n**阶行列式**

$$D_n=\begin{vmatrix} a_{11} & a_{12} & \cdots & a_{1n} \\ a_{21} & a_{22} & \cdots & a_{2n} \\ \vdots & \vdots & & \vdots \\ a_{n1} & a_{n2} & \cdots & a_{nn} \end{vmatrix}=\sum_{j_1j_2\cdots j_n}(-1)^{N(j_1j_2\cdots j_n)}a_{1j_1}a_{2j_2}\cdots a_{nj_n}.$$

注: n 阶行列式共有 $n!$ 项; 每一项都是取自不同行不同列的 n 个元素的乘积; 当每项各元素的行标按标准排列时, 各项的符号由对应的列标构成的排列的奇偶性确定. 若列标排列是偶排列则取正号, 是奇排列则取负号, 取正号、负号的项各占一半.

3) 行列式和矩阵的区别与联系

$m\times n$ 矩阵是由 m 行 n 列的元素构成的一个数表, 而 n 阶行列式由 n 行 n 列的元素构成, 其本质是一个算式.

当矩阵是方阵即它的行数和列数相等时, 由这个矩阵的元素按原来的位置排列可以确定一个行列式.

2.1.2 行列式的性质

(1) 将行列式转置, 行列式的值不变.

(2) 互换行列式的某两行(列), 行列式的值变号.

推论 若行列式的两行(列)对应元素相同, 则此行列式的值等于零.

(3) 用数 k 乘以行列式的某一行(列)的各元素, 等于用数 k 乘以此行列式.

推论 1 若行列式中有一行(列)的所有元素均为零, 称为含有零行, 则此行列式的值为零.

推论 2 若行列式中有两行(列)的对应元素成比例, 则此行列式的值为零.

(4) 设行列式的某一行(列)的元素都是两数之和, 若分别以这两个数作为相应一行(列)对应位置的元素, 其余行(列)上的元素与原行列式相同, 构成两个同阶行列式, 则原行列式等于这两个行列式之和.

(5) 将行列式的某一行(列)的各元素乘以同一常数后加到另一行(列)对应位置的元素上, 行列式的值不变.

2.1.3 行列式按行(列)展开定理

余子式 在 n 阶行列式中, 划去元素 $a_{ij}(i,j=1,2,\cdots,n)$ 所在的第 i 行第 j 列元素, 剩下的元素按原来的次序构成低一阶的行列式, 称为元素 a_{ij} 的**余子式**, 记为 M_{ij}.

代数余子式 元素 a_{ij} 的**代数余子式** $A_{ij}=(-1)^{i+j}M_{ij}$.

余子式和代数余子式是比原行列式低一阶的行列式. 某元素的余子式和代数余子式与该元素本身的数值无关, 只与该元素所处的位置有关.

行列式按行(列)展开定理 行列式等于它的任意一行(列)的各元素与其对应代数余子式的乘积之和.

推论 行列式的某一行(列)的各元素与另一行(列)的对应元素的代数余子式的乘积之和等于零.

行列式按行(列)展开定理及其推论可以归结为

$$\sum_{k=1}^{n} a_{ik} A_{jk} = \begin{cases} D, & i = j, \\ 0, & i \neq j, \end{cases} \qquad \sum_{k=1}^{n} a_{ki} A_{kj} = \begin{cases} D, & i = j, \\ 0, & i \neq j. \end{cases}$$

2.1.4 行列式的计算

计算行列式是本章的核心内容，主要是利用行列式的定义和性质以及按行(列)展开定理来计算，常见的方法有:

(1) **定义法** 对于含零元素比较多的行列式或者是结构比较特殊的行列式可用定义计算.

(2) **化三角形法** 利用行列式的性质将行列式化简为三角形行列式，再利用三角形行列式的结论直接算出结果.

(3) **降阶法** 利用行列式按行(列)展开定理将高阶行列式转化为低阶行列式如三阶或二阶行列式，再计算出结果.

(4) **拆分法** 利用行列式的性质(4)将行列式拆分成两个行列式的和，分别计算这两个行列式，再求和算出结果.

(5) **加边升阶法** 将行列式增加一行、一列使行列式升高一阶，并保持行列式的值不变. 升阶后的行列式要比原行列式更方便计算出结果.

(6) **递推法** 对于n阶行列式D_n，有时不能直接得出结果，需要找到一个和D_n结构相同的D_{n-1}或D_{n-2}之间的递推关系式，通过递推关系式来推导出该行列式的结果.

(7) **数学归纳法** 如果已知n阶行列式的结果需要证明，那么通常使用数学归纳法予以证明. 在用数学归纳法证明过程中，也常常需要递推关系式，因此这个方法和递推法常常联合使用.

(8) **已知行列式法** 利用已知行列式如范德蒙德行列式、箭形行列式等结论来计算与其有关的行列式.

2.1.5 克拉默法则

行列式起源于求解一类特殊的线性方程组. 如果有n个方程n个未知数的线性方程组其系数行列式不为零，则该方程组可用克拉默(Cramer)法则求解.

克拉默法则 若n元线性方程组

$$\begin{cases} a_{11}x_1 + a_{12}x_2 + \cdots + a_{1n}x_n = b_1, \\ a_{21}x_1 + a_{22}x_2 + \cdots + a_{2n}x_n = b_2, \\ \qquad\qquad \cdots\cdots \\ a_{n1}x_1 + a_{n2}x_2 + \cdots + a_{nn}x_n = b_n \end{cases}$$

的系数行列式$D \neq 0$，则该方程组有且仅有唯一的解，其解可以表示为

$$x_j = \frac{D_j}{D} \quad (j = 1, 2, \cdots, n),$$

其中$D_j (j = 1, 2, \cdots, n)$是由方程组中的 n 个常数项$b_i (i = 1, 2, \cdots, n)$依次替换系数行列式$D$

的第 j 列元素, 其余元素不变构成的行列式.

若 n 元齐次线性方程组 $\begin{cases} a_{11}x_1 + a_{12}x_2 + \cdots + a_{1n}x_n = 0, \\ a_{21}x_1 + a_{22}x_2 + \cdots + a_{2n}x_n = 0, \\ \cdots\cdots \\ a_{n1}x_1 + a_{n2}x_2 + \cdots + a_{nn}x_n = 0 \end{cases}$ 的系数行列式 $D \neq 0$, 则该方程组有且仅有唯一的零解.

反之, 若 n 元齐次线性方程组有非零解, 则其系数行列式 $D = 0$.

2.2　考研数学大纲要求

2.2.1　考试内容

行列式的概念和基本性质; 行列式按行(列)展开定理; 线性方程组的克拉默法则.

2.2.2　考试要求

(1) 了解行列式的概念, 掌握行列式的性质.

(2) 会应用行列式的性质和行列式按行(列)展开定理计算行列式.

(3) 会用克拉默法则解线性方程组.

2.3　典 型 例 题

例 1　证明: 若 $n(n \geqslant 2)$ 阶行列式的各个元素为 1 或−1, 则该行列式的值一定是偶数.

证明　设 $n(n \geqslant 2)$ 阶行列式为 D_n, 由行列式定义, D_n 的展开式共有 $n!$ 项, 每项都是由 D_n 中的 n 个取自不同行不同列的元素相乘, 根据条件, 每项乘积为 1 或者−1.

不妨设 r 项是 1, 那么 $n!-r$ 项是−1, 所以 $D_n = r\cdot 1 + (n!-r)\cdot(-1) = 2r - n!$. 由于 $n!(n \geqslant 2)$ 必为偶数, 故 $D_n = 2r - n!$ 一定是偶数.

例 2　已知方程 $\begin{vmatrix} 1 & 1 & 1 & 1 \\ -1 & 1 & 2 & 3 \\ 1 & 1 & 4 & 15 \\ 1 & x & x^2 & x^3 \end{vmatrix} + \begin{vmatrix} 1 & 1 & 1 & 1 \\ 2 & 1 & 2 & 5 \\ 1 & 1 & 4 & 15 \\ 1 & x & x^2 & x^3 \end{vmatrix} + \begin{vmatrix} 1 & 1 & 1 & 1 \\ 1 & 2 & 4 & 8 \\ 0 & 2 & 5 & 12 \\ 1 & x & x^2 & x^3 \end{vmatrix} = 0$, 求方程的解 x.

解　注意到方程左边第一个行列式和第二个行列式有三行元素都对应相同, 利用行列式的性质(4)得

$$\begin{vmatrix} 1 & 1 & 1 & 1 \\ -1 & 1 & 2 & 3 \\ 1 & 1 & 4 & 15 \\ 1 & x & x^2 & x^3 \end{vmatrix} + \begin{vmatrix} 1 & 1 & 1 & 1 \\ 2 & 1 & 2 & 5 \\ 1 & 1 & 4 & 15 \\ 1 & x & x^2 & x^3 \end{vmatrix} = \begin{vmatrix} 1 & 1 & 1 & 1 \\ 1 & 2 & 4 & 8 \\ 1 & 1 & 4 & 15 \\ 1 & x & x^2 & x^3 \end{vmatrix},$$

所以

$$
\text{原方程左边}=\begin{vmatrix}1&1&1&1\\1&2&4&8\\1&1&4&15\\1&x&x^2&x^3\end{vmatrix}+\begin{vmatrix}1&1&1&1\\1&2&4&8\\0&2&5&12\\1&x&x^2&x^3\end{vmatrix}=\begin{vmatrix}1&1&1&1\\1&2&4&8\\1&3&9&27\\1&x&x^2&x^3\end{vmatrix}=\begin{vmatrix}1&1&1&1\\1&2&2^2&2^3\\1&3&3^2&3^3\\1&x&x^2&x^3\end{vmatrix}
$$

$$
=(x-1)(x-2)(x-3),
$$

因此方程的解 x 为 $1,2,3$.

例 3 已知行列式 $D_n=\begin{vmatrix}1&2&3&\cdots&n\\1&2&0&\cdots&0\\1&0&3&\cdots&0\\\vdots&\vdots&\vdots&&\vdots\\1&0&0&\cdots&n\end{vmatrix}$，求第一行各元素的代数余子式之和 $A_{11}+A_{12}+\cdots+A_{1n}$.

解 第一行各元素的代数余子式之和

$$
A_{11}+A_{12}+\cdots+A_{1n}=\begin{vmatrix}1&1&1&\cdots&1\\1&2&0&\cdots&0\\1&0&3&\cdots&0\\\vdots&\vdots&\vdots&&\vdots\\1&0&0&\cdots&n\end{vmatrix}\xlongequal[j=2,\cdots,n]{c_1-\frac{1}{j}c_j}\begin{vmatrix}1-\sum\limits_{j=2}^{n}\frac{1}{j}&1&1&\cdots&1\\0&2&0&\cdots&0\\0&0&3&\cdots&0\\\vdots&\vdots&\vdots&&\vdots\\0&0&0&\cdots&n\end{vmatrix}
$$

$$
=n!\left(1-\sum_{j=2}^{n}\frac{1}{j}\right).
$$

注：$A_{11}+A_{12}+\cdots+A_{1n}$ 转化为行列式来计算较为简便. 本题转化的行列式具有的特点是第一行、第一列、主对角线上的元素都是非零元素，其余元素均为零，这种类型的行列式通常叫箭形行列式. 箭形行列式均可用上述方法化为三角形行列式计算.

例 4 计算 $D_n=\begin{vmatrix}2&1&0&0&\cdots&0\\1&2&1&0&\cdots&0\\0&1&2&1&\cdots&0\\0&0&1&2&\cdots&0\\\vdots&\vdots&\vdots&\vdots&&\vdots\\0&0&0&0&\cdots&2\end{vmatrix}$.

解 按第一列展开有

$$
D_n=2\begin{vmatrix}2&1&0&\cdots&0\\1&2&1&\cdots&0\\0&1&2&\cdots&0\\\vdots&\vdots&\vdots&&\vdots\\0&0&0&\cdots&2\end{vmatrix}_{n-1}-\begin{vmatrix}1&0&0&\cdots&0\\1&2&1&\cdots&0\\0&1&2&\cdots&0\\\vdots&\vdots&\vdots&&\vdots\\0&0&0&\cdots&2\end{vmatrix}_{n-1}
$$

$$=2\begin{vmatrix}2&1&0&\cdots&0\\1&2&1&\cdots&0\\0&1&2&\cdots&0\\\vdots&\vdots&\vdots&&\vdots\\0&0&0&\cdots&2\end{vmatrix}_{n-1}-\begin{vmatrix}2&1&0&\cdots&0\\1&2&1&\cdots&0\\0&1&2&\cdots&0\\\vdots&\vdots&\vdots&&\vdots\\0&0&0&\cdots&2\end{vmatrix}_{n-2}=2D_{n-1}-D_{n-2}.$$

所以 $D_n-D_{n-1}=D_{n-1}-D_{n-2}=D_{n-2}-D_{n-3}=\cdots=D_2-D_1$，而

$$D_2=\begin{vmatrix}2&1\\1&2\end{vmatrix}=3,\quad D_1=2,$$

所以 $D_n-D_{n-1}=1$，故 $D_n=1+D_{n-1}=2+D_{n-2}=\cdots=n-1+D_1=n-1+2=n+1$.

注：此类型的行列式通常叫三对角行列式，一般可用递推法计算.

例 5 计算行列式

$$D_n=\begin{vmatrix}1+a_1&1&1&\cdots&1\\1&1+a_2&1&\cdots&1\\1&1&1+a_3&\cdots&1\\\vdots&\vdots&\vdots&&1\\1&1&1&\cdots&1+a_n\end{vmatrix},\quad 其中 a_i\neq 0(i=1,2,\cdots,n).$$

解法一 首先将其变为箭形行列式，再化为上三角形行列式.

$$D_n\xlongequal[i=2,3,\cdots,n]{r_i-r_1}\begin{vmatrix}1+a_1&1&1&\cdots&1\\-a_1&a_2&0&\cdots&0\\-a_1&0&a_3&\cdots&0\\\vdots&\vdots&\vdots&&\vdots\\-a_1&0&0&\cdots&a_n\end{vmatrix}=a_1a_2\cdots a_n\begin{vmatrix}\frac{1}{a_1}+1&\frac{1}{a_2}&\frac{1}{a_3}&\cdots&\frac{1}{a_n}\\-1&1&0&\cdots&0\\-1&0&1&\cdots&0\\\vdots&\vdots&\vdots&&\vdots\\-1&0&0&\cdots&1\end{vmatrix}$$

$$\xlongequal[j=2,3,\cdots,n]{c_1+c_j}a_1a_2\cdots a_n\begin{vmatrix}1+\sum\limits_{i=1}^{n}\frac{1}{a_i}&\frac{1}{a_2}&\frac{1}{a_3}&\cdots&\frac{1}{a_n}\\0&1&0&\cdots&0\\0&0&1&\cdots&0\\\vdots&\vdots&\vdots&&\vdots\\0&0&0&\cdots&1\end{vmatrix}=\prod_{i=1}^{n}a_i\cdot\left(1+\sum_{i=1}^{n}\frac{1}{a_i}\right).$$

解法二 加边升阶法.

$$D_n=\begin{vmatrix}1&1&1&\cdots&1\\0&1+a_1&1&\cdots&1\\0&1&1+a_2&\cdots&1\\\vdots&\vdots&\vdots&&\vdots\\0&1&1&\cdots&1+a_n\end{vmatrix}_{n+1}\xlongequal[i=2,3,\cdots,n+1]{r_i-r_1}\begin{vmatrix}1&1&1&\cdots&1\\-1&a_1&0&\cdots&0\\-1&0&a_2&\cdots&0\\\vdots&\vdots&\vdots&&\vdots\\-1&0&0&\cdots&a_n\end{vmatrix}_{n+1}$$

$$=a_1a_2\cdots a_n\begin{vmatrix}1 & \frac{1}{a_1} & \frac{1}{a_2} & \cdots & \frac{1}{a_n}\\ -1 & 1 & 0 & \cdots & 0\\ -1 & 0 & 1 & \cdots & 0\\ \vdots & \vdots & \vdots & & \vdots\\ -1 & 0 & 0 & \cdots & 1\end{vmatrix}_{n+1}$$

$$\xlongequal[j=2,3,\cdots,n+1]{c_1+c_j} a_1a_2\cdots a_n\begin{vmatrix}1+\sum_{i=1}^{n}\frac{1}{a_i} & \frac{1}{a_1} & \frac{1}{a_2} & \cdots & \frac{1}{a_n}\\ 0 & 1 & 0 & \cdots & 0\\ 0 & 0 & 1 & \cdots & 0\\ \vdots & \vdots & \vdots & & \vdots\\ 0 & 0 & 0 & \cdots & 1\end{vmatrix}_{n+1}=\prod_{i=1}^{n}a_i\cdot\left(1+\sum_{i=1}^{n}\frac{1}{a_i}\right).$$

解法三 将其变为行和相等的行列式.

第 $i(i=1,2,\cdots,n)$ 列提出 a_i 得

$$D_n=a_1a_2\cdots a_n\begin{vmatrix}\frac{1}{a_1}+1 & \frac{1}{a_2} & \frac{1}{a_3} & \cdots & \frac{1}{a_n}\\ \frac{1}{a_1} & \frac{1}{a_2}+1 & \frac{1}{a_3} & \cdots & \frac{1}{a_n}\\ \frac{1}{a_1} & \frac{1}{a_2} & \frac{1}{a_3}+1 & \cdots & \frac{1}{a_n}\\ \vdots & \vdots & \vdots & & \vdots\\ \frac{1}{a_1} & \frac{1}{a_2} & \frac{1}{a_3} & \cdots & \frac{1}{a_n}+1\end{vmatrix}$$

$$\xlongequal[j=2,3,\cdots,n]{c_1+c_j} a_1a_2\cdots a_n\begin{vmatrix}1+\sum_{i=1}^{n}\frac{1}{a_i} & \frac{1}{a_2} & \frac{1}{a_3} & \cdots & \frac{1}{a_n}\\ 1+\sum_{i=1}^{n}\frac{1}{a_i} & \frac{1}{a_2}+1 & \frac{1}{a_3} & \cdots & \frac{1}{a_n}\\ 1+\sum_{i=1}^{n}\frac{1}{a_i} & \frac{1}{a_2} & \frac{1}{a_3}+1 & \cdots & \frac{1}{a_n}\\ \vdots & \vdots & \vdots & & \vdots\\ 1+\sum_{i=1}^{n}\frac{1}{a_i} & \frac{1}{a_2} & \frac{1}{a_3} & \cdots & \frac{1}{a_n}\end{vmatrix}$$

$$\xlongequal[i=2,3,\cdots,n]{r_i-r_1} a_1a_2\cdots a_n\begin{vmatrix}1+\sum_{i=1}^{n}\frac{1}{a_i} & \frac{1}{a_2} & \frac{1}{a_3} & \cdots & \frac{1}{a_n}\\ 0 & 1 & 0 & \cdots & 0\\ 0 & 0 & 1 & \cdots & 0\\ \vdots & \vdots & \vdots & & \vdots\\ 0 & 0 & 0 & \cdots & 1\end{vmatrix}=\prod_{i=1}^{n}a_i\cdot\left(1+\sum_{i=1}^{n}\frac{1}{a_i}\right).$$

解法四　递推法.

先利用行列式性质将一个行列式拆分成两个行列式，再找出递推关系式.

$$D_n=\begin{vmatrix}1 & 1 & 1 & \cdots & 1\\ 1 & 1+a_2 & 1 & \cdots & 1\\ 1 & 1 & 1+a_3 & \cdots & 1\\ \vdots & \vdots & \vdots & & \vdots\\ 1 & 1 & 1 & \cdots & 1+a_n\end{vmatrix}+\begin{vmatrix}a_1 & 1 & 1 & \cdots & 1\\ 0 & 1+a_2 & 1 & \cdots & 1\\ 0 & 1 & 1+a_3 & \cdots & 1\\ \vdots & \vdots & \vdots & & \vdots\\ 0 & 1 & 1 & \cdots & 1+a_n\end{vmatrix}$$

$$=\begin{vmatrix}1 & 1 & 1 & \cdots & 1\\ 0 & a_2 & 0 & \cdots & 0\\ 0 & 0 & a_3 & \cdots & 0\\ \vdots & \vdots & \vdots & & \vdots\\ 0 & 0 & 0 & \cdots & a_n\end{vmatrix}+a_1\begin{vmatrix}1+a_2 & 1 & \cdots & 1\\ 1 & 1+a_3 & \cdots & 1\\ \vdots & \vdots & & \vdots\\ 1 & 1 & \cdots & 1+a_n\end{vmatrix}_{n-1}$$

$$=a_2a_3\cdots a_n+a_1D_{n-1}=a_2a_3\cdots a_n+a_1(a_3a_4\cdots a_n+a_2D_{n-2})$$

$$=a_2a_3\cdots a_n+a_1a_3a_4\cdots a_n+a_1a_2D_{n-2}$$

$$=a_2a_3\cdots a_n+a_1a_3a_4\cdots a_n+a_1a_2(a_4\cdots a_n+a_3D_{n-3})=\cdots$$

$$=a_2a_3\cdots a_n+a_1a_3\cdots a_n+a_1a_2a_4\cdots a_n+\cdots+a_1a_2\cdots a_{n-1}a_n$$

$$=\prod_{i=1}^{n}a_i\cdot\left(1+\sum_{i=1}^{n}\frac{1}{a_i}\right).$$

解法五　数学归纳法.

当 $n=2$ 时，$D_2=\begin{vmatrix}1+a_1 & 1\\ 1 & 1+a_2\end{vmatrix}=a_1a_2+a_1+a_2=\prod_{i=1}^{2}a_i\cdot\left(1+\sum_{i=1}^{2}\frac{1}{a_i}\right)$. 结论成立.

假设当 $n=k$ 时，

$$D_k=\begin{vmatrix}1+a_1 & 1 & 1 & \cdots & 1\\ 1 & 1+a_2 & 1 & \cdots & 1\\ 1 & 1 & 1+a_3 & \cdots & 1\\ \vdots & \vdots & \vdots & & \vdots\\ 1 & 1 & 1 & \cdots & 1+a_k\end{vmatrix}=\prod_{i=1}^{k}a_i\cdot\left(1+\sum_{i=1}^{k}\frac{1}{a_i}\right),$$

则

$$D_{k+1}=\begin{vmatrix}1+a_1 & 1 & 1 & \cdots & 1\\ 1 & 1+a_2 & 1 & \cdots & 1\\ 1 & 1 & 1+a_3 & \cdots & 1\\ \vdots & \vdots & \vdots & & \vdots\\ 1 & 1 & 1 & \cdots & 1+a_{k+1}\end{vmatrix}$$

$$=\begin{vmatrix}1+a_1 & 1 & 1 & \cdots & 1\\ 1 & 1+a_2 & 1 & \cdots & 1\\ 1 & 1 & 1+a_3 & \cdots & 1\\ \vdots & \vdots & \vdots & & \vdots\\ 1 & 1 & 1 & \cdots & 1\end{vmatrix}+\begin{vmatrix}1+a_1 & 1 & 1 & \cdots & 0\\ 1 & 1+a_2 & 1 & \cdots & 0\\ 1 & 1 & 1+a_3 & \cdots & 0\\ \vdots & \vdots & \vdots & & \vdots\\ 1 & 1 & 1 & \cdots & a_{k+1}\end{vmatrix}$$

$$=\begin{vmatrix}1+a_1 & 1 & 1 & \cdots & 1\\ 1 & 1+a_2 & 1 & \cdots & 1\\ 1 & 1 & 1+a_3 & \cdots & 1\\ \vdots & \vdots & \vdots & & \vdots\\ 1 & 1 & 1 & \cdots & 1\end{vmatrix}+a_{k+1}D_k=\begin{vmatrix}a_1 & 0 & 0 & \cdots & 1\\ 0 & a_2 & 0 & \cdots & 1\\ 0 & 0 & a_3 & \cdots & 1\\ \vdots & \vdots & \vdots & & \vdots\\ 0 & 0 & 0 & \cdots & 1\end{vmatrix}+a_{k+1}D_k$$

$$=a_1a_2\cdots a_k+a_{k+1}\prod_{i=1}^{k}a_i\cdot\left(1+\sum_{i=1}^{k}\frac{1}{a_i}\right)=\prod_{i=1}^{k+1}a_i\cdot\left(1+\sum_{i=1}^{k+1}\frac{1}{a_i}\right),$$

故结论成立.

2.4 练 习 题

2.4.1 二阶、三阶行列式

一、填空题.

1. $\begin{vmatrix} 7 & 5 \\ 6 & 4 \end{vmatrix}=$__________.

2. $\begin{vmatrix} x & x^2 \\ y & y^2 \end{vmatrix}=$__________.

3. $\begin{vmatrix} \sin\theta & \cos\theta \\ \cos\theta & \sin\theta \end{vmatrix}=$__________.

4. $\begin{vmatrix} 1 & 2 & 3 \\ 0 & 2 & -2 \\ 0 & 0 & 3 \end{vmatrix}=$__________.

5. $\begin{vmatrix} 0 & 0 & -a \\ 0 & 3 & a \\ a & -4 & 2 \end{vmatrix}=$__________.

6. $\begin{vmatrix} 1 & 2 & 3 \\ 2 & 3 & 1 \\ 3 & 1 & 2 \end{vmatrix}=$__________.

二、利用对角线法则计算行列式$\begin{vmatrix} 1 & 1 & 1 \\ a & b & c \\ a^2 & b^2 & c^2 \end{vmatrix}$.

三、求方程 $f(x)=\begin{vmatrix} 1 & 1 & 1 \\ 2 & 3 & x \\ 4 & 9 & x^2 \end{vmatrix}=0$ 的解.

2.4.2　n 阶行列式

一、判断题.

1. n 阶行列式是由 n^2 个数构成的 n 行 n 列的数表.　(　　)

2. 531724 是一个 7 级排列.　(　　)

3. n 阶行列式的主对角线上若有一个元素是零, 则此行列式的值不一定为零.　(　　)

4. 四阶行列式也可以用对角线法则进行计算.　(　　)

二、选择题.

1. 下列 n 阶行列式的值必为零的是(　　).

A. 行列式主对角线的元素全为零

B. 三角形行列式主对角线上有一个元素为零

C. 行列式中零元素的个数多于 n 个

D. 行列式中非零元素的个数多于 n 个

2. 四阶行列式 $D=\begin{vmatrix} 0 & a & b & 0 \\ a & 0 & 0 & b \\ 0 & c & d & 0 \\ c & 0 & 0 & d \end{vmatrix}$ 的值等于(　　).

A. $a^2d^2-b^2c^2$　　B. $b^2c^2-a^2d^2$　　C. $(ad-bc)^2$　　D. $-(ad-bc)^2$

三、填空题.

1. 排列 5317246 的逆序数是__________, 为__________排列.

2. n 阶排列 $n(n-1)\cdots 321$ 的逆序数为__________.

3. 四阶行列式中项 $a_{12}a_{23}a_{34}a_{41}$ 的符号应带__________号.

4. 六阶行列式中项 $a_{31}a_{23}a_{14}a_{42}a_{65}a_{56}$ 的符号应带__________号.

5. 当 $i=$__________, $j=$__________时, 排列为 $23i56j$ 偶排列.

6. 若 a,b 为实数, 且 $\begin{vmatrix} 0 & b & -a \\ 0 & a & b \\ 10 & 1 & -2 \end{vmatrix}=0$, 则 $a=$__________, $b=$__________.

7. 若 $D_1=\begin{vmatrix} a_1 & 0 & 0 & 0 \\ 0 & 2a_2 & 0 & 0 \\ 0 & 0 & 3a_3 & 0 \\ 0 & 0 & 0 & 4a_4 \end{vmatrix}$, $D_2=\begin{vmatrix} 0 & 0 & 0 & a_1 \\ 0 & 0 & a_2 & 0 \\ 0 & a_3 & 0 & 0 \\ a_4 & 0 & 0 & 0 \end{vmatrix}$, 且 $D_1=tD_2$, 则 $t=$__________.

四、利用行列式的定义计算下列行列式.

1. $\begin{vmatrix} 1 & 2 & 3 & 4 & 5 \\ 5 & 2 & 6 & 7 & 8 \\ 6 & 7 & 0 & 0 & 0 \\ 2 & 3 & 0 & 0 & 0 \\ 5 & 9 & 0 & 0 & 0 \end{vmatrix}$.

2. $\begin{vmatrix} 0 & 0 & \cdots & 0 & 1 & 0 \\ 0 & 0 & \cdots & 2 & 0 & 0 \\ \vdots & \vdots & & \vdots & \vdots & \vdots \\ 0 & n-1 & \cdots & 0 & 0 & 0 \\ n & 0 & \cdots & 0 & 0 & 0 \\ 0 & 0 & \cdots & 0 & 0 & 1 \end{vmatrix}$.

2.4.3 行列式的性质

一、判断题.

1. 若交换行列式的任意两行，行列式的值不变.　　(　　)

2. 二阶行列式 $\begin{vmatrix} a_1+a_2 & b_1+b_2 \\ c_1+c_2 & d_1+d_2 \end{vmatrix} = \begin{vmatrix} a_1 & b_1 \\ c_1 & d_1 \end{vmatrix} + \begin{vmatrix} a_2 & b_2 \\ c_2 & d_2 \end{vmatrix}$.　　(　　)

3. 若行列式 D 的各行元素之和为零，则 $D=0$.　　(　　)

4. 行列式 D 的某一列的各元素与另一列对应元素的余子式的乘积之和必等于零.　　(　　)

二、选择题.

1. $\begin{vmatrix} -ab & ac & ae \\ bd & -cd & de \\ bf & cf & -ef \end{vmatrix} =(\quad)$.

A. $abcdef$　　B. $2abcdef$　　C. $3abcdef$　　D. $4abcdef$

2. 若 $\begin{vmatrix} a_{11} & a_{12} & a_{13} \\ a_{21} & a_{22} & a_{23} \\ a_{31} & a_{32} & a_{33} \end{vmatrix} = M \neq 0$，则 $\begin{vmatrix} 4a_{11} & 2a_{11}-3a_{12} & a_{13} \\ 4a_{31} & 2a_{31}-3a_{32} & a_{33} \\ 4a_{21} & 2a_{21}-a_{22} & a_{23} \end{vmatrix} =(\quad)$.

A. $8M$　　B. $-12M$　　C. $12M$　　D. $24M$

3. 设四阶行列式 $D=\begin{vmatrix} a & b & c & d \\ c & b & d & a \\ d & b & c & a \\ a & b & d & c \end{vmatrix}$，$a,b,c,d$ 各不相同，则 $2A_{14}+2A_{24}+2A_{34}+2A_{44}=$ (　　).

A. 0　　B. $abcd$　　C. abc^2　　D. abd^2

三、填空题.

1. $\begin{vmatrix} 34215 & 36215 \\ 28092 & 30092 \end{vmatrix} =$__________.

2. $\begin{vmatrix} 1 & 2 & 3 \\ 4 & 5 & 6 \\ 7 & 8 & 9 \end{vmatrix}$ 的代数余子式 A_{21} 应表示为__________.

3. 已知四阶行列式的第三列元素分别为 1，3，−2，2，它们对应的代数余子式的值分别为 3，−2, 1, 1，则行列式的值为__________.

4. 若三阶行列式 $D=|a_{ij}|=a$，则 $|-2a_{ij}|=$__________.

四、利用行列式的性质计算下列行列式.

1. $\begin{vmatrix} 2 & 1 & 4 & 1 \\ 1 & 2 & 3 & 2 \\ 3 & -1 & 2 & 1 \\ 5 & 0 & 6 & 2 \end{vmatrix}$.

2. $\begin{vmatrix} 102 & 100 & 204 \\ 199 & 200 & 398 \\ 301 & 300 & 602 \end{vmatrix}$.

3. $\begin{vmatrix} x & y & 0 & \cdots & 0 & 0 \\ 0 & x & y & \cdots & 0 & 0 \\ \vdots & \vdots & \vdots & & \vdots & \vdots \\ 0 & 0 & 0 & \cdots & x & y \\ y & 0 & 0 & \cdots & 0 & x \end{vmatrix}_n$.

4. $\begin{vmatrix} a^2 & (a+1)^2 & (a+2)^2 & (a+3)^2 \\ b^2 & (b+1)^2 & (b+2)^2 & (b+3)^2 \\ c^2 & (c+1)^2 & (c+2)^2 & (c+3)^2 \\ d^2 & (d+1)^2 & (d+2)^2 & (d+3)^2 \end{vmatrix}$.

2.4.4 行列式的计算

一、判断题.

1. 若n阶行列式有一列元素都为零, 则此行列式的值必为零.　　(　　)

2. 若n阶行列式的各行元素之和为零, 则此行列式的值不一定为零.　　(　　)

二、填空题.

1. $\begin{vmatrix} 1 & 1 & 1 & 0 \\ 1 & 1 & 0 & 1 \\ 1 & 0 & 1 & 1 \\ 0 & 1 & 1 & 1 \end{vmatrix}$的值为__________.

2. $\begin{vmatrix} 2 & 3 & 7 & 2 \\ -1 & 4 & 3 & -1 \\ 0 & 0 & 6 & 5 \\ 0 & 0 & 1 & 2 \end{vmatrix}=$__________.

3. 设四阶行列式 $D=\begin{vmatrix} 1 & 2 & 3 & 4 \\ 5 & 6 & 7 & 8 \\ 2 & 3 & 7 & 8 \\ 6 & 7 & 8 & 9 \end{vmatrix}$, $A_{ij}(i,j=1,2,3,4)$ 是元素 $a_{ij}(i,j=1,2,3,4)$ 的代数余子式, 则 $2A_{13}+10A_{23}+4A_{33}+12A_{43}=$__________.

三、用化三角形法和降阶法计算下列行列式.

1. $\begin{vmatrix} 2 & -5 & 1 & 2 \\ -3 & 7 & -1 & 4 \\ 5 & -9 & 2 & 7 \\ 4 & -6 & 1 & 2 \end{vmatrix}$.

2. $\begin{vmatrix} 2 & -5 & 3 & 1 \\ 1 & 3 & -1 & 3 \\ 0 & 1 & 1 & -5 \\ -1 & -4 & 2 & -3 \end{vmatrix}$.

四、用适当的方法计算下列行列式.

1. $\begin{vmatrix} 1 & 2 & 0 & 0 \\ 0 & 1 & 2 & 0 \\ 0 & 0 & 1 & 2 \\ 2 & 0 & 0 & 1 \end{vmatrix}$.

2. $\begin{vmatrix} 5 & 3 & 3 & 3 \\ 3 & 5 & 3 & 3 \\ 3 & 3 & 5 & 3 \\ 3 & 3 & 3 & 5 \end{vmatrix}$.

3. $\begin{vmatrix} 1 & 1 & 1 & 1 \\ 1 & 2 & 0 & 0 \\ 1 & 0 & 3 & 0 \\ 1 & 0 & 0 & 4 \end{vmatrix}$.

4. $\begin{vmatrix} 1 & 1 & 1 & 1 \\ a & b & c & d \\ a^2 & b^2 & c^2 & d^2 \\ a^3 & b^3 & c^3 & d^3 \end{vmatrix}$.

5. $\begin{vmatrix} a & b & c \\ a^2 & b^2 & c^2 \\ b+c & c+a & a+b \end{vmatrix}$.

2.4.5 克拉默法则

一、判断题.

1. 任意的n元线性方程组均可由克拉默法则求解. (　　)

2. 若n个方程的n元齐次线性方程组有非零解，则其系数行列式的值必为零. (　　)

二、选择题.

1. 若齐次线性方程组$\begin{cases}\lambda x_1 + x_2 = 0, \\ x_1 + \lambda x_2 = 0\end{cases}$有非零解，则$\lambda =$(　　).

A. 1　　B. ± 1　　C. 0　　D. -1

2. 若齐次线性方程组$\begin{cases}kx + z = 0, \\ 2x + ky + z = 0, \\ kx - 2y + z = 0\end{cases}$仅有零解，$k$应满足(　　).

A. $k \neq 0$　　B. $k \neq -1$　　C. $k \neq -2$　　D. $k \neq 2$

三、利用克拉默法则解下列方程组.

1. $\begin{cases}x_1 + 2x_2 + 4x_3 = 31, \\ 5x_1 + x_2 + 2x_3 = 29, \\ 3x_1 - x_2 + x_3 = 10.\end{cases}$

2. $\begin{cases} x_1 - x_2 + x_3 - 2x_4 = 2, \\ 2x_1 - x_3 + 4x_4 = 4, \\ 3x_1 + 2x_2 + x_3 = -1, \\ -x_1 + 2x_2 - x_3 + 2x_4 = -4. \end{cases}$

2.5 A组总复习题2

一、选择题.

1. 三阶行列式 $D=\begin{vmatrix} 2 & 0 & 1 \\ 1 & -4 & -1 \\ -1 & 8 & 3 \end{vmatrix}=(\quad)$.

A. -2　　B. 2

C. -4　　D. 4

2. 五阶行列式 $\begin{vmatrix} 0 & 0 & 0 & -3 & 0 \\ 0 & 0 & 1 & 0 & 0 \\ 0 & 2 & 0 & 0 & 0 \\ -1 & 0 & 0 & 0 & 0 \\ 0 & 0 & 0 & 0 & -2 \end{vmatrix}=(\quad)$.

A. -12　　B. 12

C. -6　　D. 6

3. $D=\begin{vmatrix} a_{11} & a_{12} & a_{13} \\ a_{21} & a_{22} & a_{23} \\ a_{31} & a_{32} & a_{33} \end{vmatrix}=M\neq 0, D_1=\begin{vmatrix} 2a_{11} & 2a_{12} & 2a_{13} \\ 2a_{31} & 2a_{32} & 2a_{33} \\ 2a_{21} & 2a_{22} & 2a_{23} \end{vmatrix}$，那么 $D_1=(\quad)$.

A. $2M$　　B. $-2M$

C. $8M$　　D. $-8M$

4. 如果 $\begin{cases}(1-k)x+y+z=0, \\ x+(1-k)y+z=0, \\ x+y+(1-k)z=0\end{cases}$ 有非零解，则 $k=(\quad)$.

A. 0　　B. 1

C. 0 或 3　　D. 3

5. 四阶行列式 D 的某行元素依次为 $-1, 0, k, 6$，它们的代数余子式分别为 $3, 4, -2, 0$，且 $D=-9$，则 $k=(\quad)$.

A. 0　　B. 3

C. 1　　D. -1

二、填空题.

1. $\begin{vmatrix} 1 & x & x \\ x & 2 & x \\ x & x & 3 \end{vmatrix}=$__________.

2. 排列 72345618 的逆序数为__________.

3. 若 $a_{1i}a_{23}a_{35}a_{4j}a_{54}$ 为五阶行列式中带正号的一项，则 $i=$________，$j=$________.

4. 已知四阶行列式 D，其中第三列元素分别为 $1, 3, -2, 2$，它们的余子式的值分别为

3, −2, 1, 1, 则行列式 $D=$__________.

三、计算下列行列式.

1. $D=\begin{vmatrix} 5 & 2 & 3 & 1 \\ 0 & 1 & -1 & 1 \\ 7 & -1 & 0 & 1 \\ 8 & 1 & 1 & 1 \end{vmatrix}$.

2. $D=\begin{vmatrix} \lambda & -1 & 0 & 0 \\ 0 & \lambda & -1 & 0 \\ 0 & 0 & \lambda & -1 \\ 4 & 3 & 2 & \lambda+1 \end{vmatrix}$.

3. $D=\begin{vmatrix} a & b & c \\ a^2 & b^2 & c^2 \\ a+a^3 & b+b^3 & c+c^3 \end{vmatrix}$.

4. $D_n=\begin{vmatrix} 1 & 1 & \cdots & -3 \\ \vdots & \vdots & & \vdots \\ 1 & -3 & \cdots & 1 \\ -3 & 1 & \cdots & 1 \end{vmatrix}$.

5. $D_n=\begin{vmatrix} a & 0 & 0 & \cdots & 0 & 1 \\ 0 & a & 0 & \cdots & 0 & 0 \\ 0 & 0 & a & \cdots & 0 & 0 \\ \vdots & \vdots & \vdots & & \vdots & \vdots \\ 1 & 0 & 0 & \cdots & 0 & a \end{vmatrix}$.

四、证明.

$$\begin{vmatrix} a^2 & b^2 & c^2 \\ (a+1)^2 & (b+1)^2 & (c+1)^2 \\ (a+2)^2 & (b+2)^2 & (c+2)^2 \end{vmatrix}=4(b-a)(c-a)(b-c).$$

2.6 B组总复习题 2

一、选择题.

1. 设 $D=|\boldsymbol{\alpha},\boldsymbol{\beta},\boldsymbol{\gamma}|$，$\boldsymbol{\alpha},\boldsymbol{\beta},\boldsymbol{\gamma}$ 分别表示行列式 D 的三个列，则 $D=($ $)$.

A. $|\boldsymbol{\gamma},\boldsymbol{\beta},\boldsymbol{\alpha}|$

B. $|\boldsymbol{\alpha}+\boldsymbol{\beta},\boldsymbol{\beta}+\boldsymbol{\gamma},\boldsymbol{\gamma}+\boldsymbol{\alpha}|$

C. $|\boldsymbol{\alpha},\boldsymbol{\alpha}+\boldsymbol{\beta},\boldsymbol{\alpha}+\boldsymbol{\beta}+\boldsymbol{\gamma}|$

D. $|-\boldsymbol{\alpha},-\boldsymbol{\beta},-\boldsymbol{\gamma}|$

2. 设 $D_n=|a_{ij}|=a$, 则 $|-a_{ij}|=($ $)$.

A. a

B. $-a$

C. $(-1)^n a$

D. na

3. $\begin{vmatrix} a_1 & 0 & 0 & b_1 \\ 0 & a_2 & b_2 & 0 \\ 0 & b_3 & a_3 & 0 \\ b_4 & 0 & 0 & a_4 \end{vmatrix}=($ $)$.

A. $a_1a_2a_3a_4-b_1b_2b_3b_4$

B. $a_1a_2a_3a_4+b_1b_2b_3b_4$

C. $(a_1a_2-b_1b_2)(a_3a_4-b_3b_4)$

D. $(a_2a_3-b_2b_3)(a_1a_4-b_1b_4)$

4. 若 $f(x)=\begin{vmatrix} x-2 & x-1 & x-2 & x-3 \\ 2x-2 & 2x-1 & 2x-2 & 2x-3 \\ 3x-3 & 3x-2 & 4x-5 & 3x-5 \\ 4x & 4x-3 & 5x-7 & 4x-3 \end{vmatrix}$，则方程 $f(x)=0$ 的根的个数为( ).

A. 1

B. 2

C. 3

D. 4

5. 设线性方程组 $\begin{cases} bx_1-ax_2=-2ab, \\ -2cx_2+3bx_3=bc, \\ cx_1+ax_3=0, \end{cases}$ 则( ).

A. 当 a,b,c 取任意实数时，方程组均有解

B. 当 $a=0$ 时，方程组无解

C. 当 $b=0$ 时，方程组无解

D. 当 $c=0$ 时，方程组无解

二、填空题.

1. 四阶行列式中含有因子 $a_{11}a_{23}$ 且带正号的项是__________.

2. 已知四阶行列式的第三列元素分别为 1，3，−2，2，第一列元素的余子式的值分别为 3, t, 1, 1，则 $t=$__________.

3. $\begin{vmatrix} 5x & 1 & 2 & 3 \\ 2 & 1 & x & 3 \\ x & x & 2 & 3 \\ 1 & 2 & 1 & -3x \end{vmatrix}$ 中 x^3 的系数为__________.

4. 设行列式 $D=\begin{vmatrix} 3 & 0 & 4 & 0 \\ 2 & 2 & 2 & 2 \\ 0 & -7 & 0 & 0 \\ 5 & 3 & -2 & 2 \end{vmatrix}$，则第四行各元素余子式之和的值为__________.

5. 设 $D=\begin{vmatrix} 1 & 2 & 3 & 4 & 5 \\ 7 & 7 & 7 & 3 & 3 \\ 3 & 2 & 4 & 5 & 2 \\ 3 & 3 & 3 & 2 & 2 \\ 4 & 6 & 5 & 2 & 3 \end{vmatrix}$，则 $A_{31}+A_{32}+A_{33}=$__________，$A_{34}+A_{35}=$__________.

三、计算下列行列式.

1. $D_n=\begin{vmatrix} 1 & 2 & 3 & \cdots & n \\ -1 & 0 & 3 & \cdots & n \\ -1 & -2 & 0 & \cdots & n \\ \vdots & \vdots & \vdots & & \vdots \\ -1 & -2 & -3 & \cdots & 0 \end{vmatrix}$.

2. $D_n=\begin{vmatrix} 1 & 1 & 1 & \cdots & 1 & 1 \\ 2 & 2^2 & 2^3 & \cdots & 2^{n-1} & 2^n \\ 3 & 3^2 & 3^3 & \cdots & 3^{n-1} & 3^n \\ \vdots & \vdots & \vdots & & \vdots & \vdots \\ n & n^2 & n^3 & \cdots & n^{n-1} & n^n \end{vmatrix}$.

四、设 $f(x)=\begin{vmatrix} 0 & 0 & x & 2 \\ 0 & 0 & 3 & -1 \\ 4 & x & -1 & 3 \\ 1 & 2 & 5 & 8 \end{vmatrix}$，求不等式 $f(x)>0$ 的解.

五、讨论行列式 $D_n=\begin{vmatrix} a_1-b_1 & a_1-b_2 & \cdots & a_1-b_n \\ a_2-b_1 & a_2-b_2 & \cdots & a_2-b_n \\ \vdots & \vdots & & \vdots \\ a_n-b_1 & a_n-b_2 & \cdots & a_n-b_n \end{vmatrix}$ 的值.

第3章 矩　　阵

3.1 知识点小结

3.1.1 矩阵的概念

1. 定义

由 $m\times n$ 个数排成 m 行 n 列的数表:

$$\boldsymbol{A}=\begin{pmatrix} a_{11} & a_{12} & \cdots & a_{1n} \\ a_{21} & a_{22} & \cdots & a_{2n} \\ \vdots & \vdots & & \vdots \\ a_{m1} & a_{m2} & \cdots & a_{mn} \end{pmatrix}=(a_{ij})_{m\times n}$$

称为 $m\times n$ 矩阵. 当 $m=n$ 时称为 n 阶方阵, $|\boldsymbol{A}|$ 为 $\boldsymbol{A}$ 的行列式.

2. 几类特殊的矩阵

(1) 单位矩阵, 数量矩阵.

(2) 对角矩阵.

(3) 上(下)三角矩阵.

(4) **对称矩阵**　n 阶方阵 $\boldsymbol{A}$ 满足 $\boldsymbol{A}^{\mathrm{T}}=\boldsymbol{A}(a_{ij}=a_{ji})$, 则称 $\boldsymbol{A}$ 为对称矩阵.

(5) **反对称矩阵**　n 阶方阵 $\boldsymbol{A}$ 满足 $\boldsymbol{A}^{\mathrm{T}}=-\boldsymbol{A}(a_{ij}=-a_{ji})$, 则称 $\boldsymbol{A}$ 为反对称矩阵.

(6) **正交矩阵**　n 阶方阵 $\boldsymbol{A}$ 满足 $\boldsymbol{A}^{\mathrm{T}}\boldsymbol{A}=\boldsymbol{E}$, 则称 $\boldsymbol{A}$ 为正交矩阵.

3.1.2 矩阵的运算

1. 矩阵相等

设矩阵 $\boldsymbol{A}$ 与 $\boldsymbol{B}$ 是同型矩阵, 即 $\boldsymbol{A}=(a_{ij})_{m\times n},\boldsymbol{B}=(b_{ij})_{m\times n}$, 若 $a_{ij}=b_{ij},\forall i,j$, 则称 $\boldsymbol{A}$ 与 $\boldsymbol{B}$ 相等, 记为 $\boldsymbol{A}=\boldsymbol{B}$.

2. 矩阵的加法(减法)

设有两个 $m\times n$ 矩阵 $\boldsymbol{A}=(a_{ij}),\boldsymbol{B}=(b_{ij})$, 那么矩阵 $\boldsymbol{A}$ 与 $\boldsymbol{B}$ 的和(差)记作 $\boldsymbol{A}+\boldsymbol{B}(\boldsymbol{A}-\boldsymbol{B})$, 规定为

$$A \pm B = \begin{pmatrix} a_{11} \pm b_{11} & a_{12} \pm b_{12} & \cdots & a_{1n} \pm b_{1n} \\ a_{21} \pm b_{21} & a_{22} \pm b_{22} & \cdots & a_{2n} \pm b_{2n} \\ \vdots & \vdots & & \vdots \\ a_{m1} \pm b_{m1} & a_{m2} \pm b_{m2} & \cdots & a_{mn} \pm b_{mn} \end{pmatrix}.$$

矩阵加法满足的运算规律:

(1) **交换律** $\boldsymbol{A}+\boldsymbol{B}=\boldsymbol{B}+\boldsymbol{A}$.

(2) **结合律** $(\boldsymbol{A}+\boldsymbol{B})+\boldsymbol{C}=\boldsymbol{A}+(\boldsymbol{B}+\boldsymbol{C})$.

(3) $\boldsymbol{A}+\boldsymbol{O}=\boldsymbol{A}$.

(4) $\boldsymbol{A}+(-\boldsymbol{A})=\boldsymbol{O}$.

3. 矩阵的数乘

数 λ 与矩阵 $\boldsymbol{A}$ 的乘积记为 $\lambda\boldsymbol{A}$ 或 $\boldsymbol{A}\lambda$, 规定为

$$\lambda\boldsymbol{A}=\boldsymbol{A}\lambda=\begin{pmatrix} \lambda a_{11} & \lambda a_{12} & \cdots & \lambda a_{1n} \\ \lambda a_{21} & \lambda a_{22} & \cdots & \lambda a_{2n} \\ \vdots & \vdots & & \vdots \\ \lambda a_{m1} & \lambda a_{m2} & \cdots & \lambda a_{mn} \end{pmatrix}.$$

数乘矩阵满足的运算规律:

(1) $(\lambda\mu)\boldsymbol{A}=\lambda(\mu\boldsymbol{A})$;

(2) $(\lambda+\mu)\boldsymbol{A}=\lambda\boldsymbol{A}+\mu\boldsymbol{A}$;

(3) $\lambda(\boldsymbol{A}+\boldsymbol{B})=\lambda\boldsymbol{A}+\lambda\boldsymbol{B}$;

(4) $1\boldsymbol{A}=\boldsymbol{A}1=\boldsymbol{A}$.

4. 矩阵的乘法

设 $\boldsymbol{A}=(a_{ij})$ 是一个 $m\times s$ 矩阵, $\boldsymbol{B}=(b_{ij})$ 是一个 $s\times n$ 矩阵, 那么规定矩阵 $\boldsymbol{A}$ 与矩阵 $\boldsymbol{B}$ 的乘积是一个 $m\times n$ 矩阵 $\boldsymbol{C}=(c_{ij})$, 其中

$$c_{ij}=a_{i1}b_{1j}+a_{i2}b_{2j}+\cdots+a_{is}b_{sj}=\sum_{k=1}^{s}a_{ik}b_{kj},$$

并把此乘积记作 $\boldsymbol{C}=\boldsymbol{AB}$.

矩阵乘法满足的运算规律:

(1) **结合律** $(\boldsymbol{AB})\boldsymbol{C}=\boldsymbol{A}(\boldsymbol{BC})$;

(2) **分配律** $\boldsymbol{A}(\boldsymbol{B}+\boldsymbol{C})=\boldsymbol{AB}+\boldsymbol{AC},(\boldsymbol{B}+\boldsymbol{C})\boldsymbol{A}=\boldsymbol{BA}+\boldsymbol{CA}$;

(3) $\lambda(\boldsymbol{AB})=(\lambda\boldsymbol{A})\boldsymbol{B}=\boldsymbol{A}(\lambda\boldsymbol{B})$;

(4) $\boldsymbol{AE}=\boldsymbol{EA}=\boldsymbol{A}$.

5. 方阵的幂

若 $\boldsymbol{A}$ 是 n 阶方阵, 则 $\boldsymbol{A}^k$ 为 $\boldsymbol{A}$ 的 k 次幂, 即

$$A^k = \underbrace{AA\cdots A}_{k\text{个}}.$$

6 矩阵的转置

把矩阵 $\boldsymbol{A}$ 的行换成同序数的列得到的新矩阵, 叫作 $\boldsymbol{A}$ 的转置矩阵, 记作 $\boldsymbol{A}^{\mathrm{T}}$.

转置矩阵满足的运算规律:

(1) $(\boldsymbol{A}^{\mathrm{T}})^{\mathrm{T}} = \boldsymbol{A}$;

(2) $(\boldsymbol{A}+\boldsymbol{B})^{\mathrm{T}} = \boldsymbol{A}^{\mathrm{T}} + \boldsymbol{B}^{\mathrm{T}}$;

(3) $(\lambda\boldsymbol{A})^{\mathrm{T}} = \lambda\boldsymbol{A}^{\mathrm{T}}$;

(4) $(\boldsymbol{AB})^{\mathrm{T}} = \boldsymbol{B}^{\mathrm{T}}\boldsymbol{A}^{\mathrm{T}}$.

7. 方阵的行列式

由 n 阶方阵 $\boldsymbol{A}$ 的元素所构成的行列式, 叫作方阵 $\boldsymbol{A}$ 的行列式, 记作$|\boldsymbol{A}|$或 $\det\boldsymbol{A}$.

运算规律:

(1) $|\boldsymbol{A}^{\mathrm{T}}| = |\boldsymbol{A}|$;

(2) $|\lambda\boldsymbol{A}| = \lambda^n|\boldsymbol{A}|$;

(3) $|\boldsymbol{AB}| = |\boldsymbol{A}||\boldsymbol{B}|$.

8. 伴随矩阵

行列式$|\boldsymbol{A}|$的各个元素的代数余子式 A_{ij} 所构成的如下矩阵

$$\boldsymbol{A}^* = \begin{pmatrix} A_{11} & A_{21} & \cdots & A_{n1} \\ A_{12} & A_{22} & \cdots & A_{n2} \\ \vdots & \vdots & & \vdots \\ A_{1n} & A_{2n} & \cdots & A_{nn} \end{pmatrix}$$

称为 $\boldsymbol{A}$ 的伴随矩阵.

性质　$\boldsymbol{A}\boldsymbol{A}^* = \boldsymbol{A}^*\boldsymbol{A} = |\boldsymbol{A}|\boldsymbol{E}$.

3.1.3　可逆矩阵

1. 逆矩阵的定义

设 $\boldsymbol{A}$ 是 n 阶矩阵, 若存在 n 阶矩阵 $\boldsymbol{B}$ 使 $\boldsymbol{AB} = \boldsymbol{BA} = \boldsymbol{E}$, 则称 $\boldsymbol{A}$ 是可逆的, 并称 $\boldsymbol{B}$ 是 $\boldsymbol{A}$ 的逆矩阵, 记为 $\boldsymbol{B} = \boldsymbol{A}^{-1}$.

2. 性质

(1) $\boldsymbol{A}$ 可逆, 则 $\boldsymbol{A}^{-1}$ 唯一;

(2) 若 $\boldsymbol{A}$ 可逆, 则 $\boldsymbol{A}^{\mathrm{T}}, \boldsymbol{A}^{-1}$ 均可逆, 且 $(\boldsymbol{A}^{\mathrm{T}})^{-1} = (\boldsymbol{A}^{-1})^{\mathrm{T}}$, $(\boldsymbol{A}^{-1})^{-1} = \boldsymbol{A}$;

(3) 若 $\boldsymbol{A}, \boldsymbol{B}$ 为同阶可逆阵, 则 $\boldsymbol{AB}$ 可逆, 且 $(\boldsymbol{AB})^{-1} = \boldsymbol{B}^{-1}\boldsymbol{A}^{-1}$;

(4) 若 $\boldsymbol{A}$ 可逆, 且 $k \neq 0$, 则 $(k\boldsymbol{A})^{-1}=k^{-1}\boldsymbol{A}^{-1}$;

(5) $\boldsymbol{A}$ 可逆 $\Leftrightarrow |\boldsymbol{A}| \neq 0$, 且 $\boldsymbol{A}^{-1}=\dfrac{1}{|\boldsymbol{A}|}\boldsymbol{A}^{*}$.

3.1.4 分块矩阵

1. 定义

用水平和垂直的直线将矩阵 $\boldsymbol{A}$ 分成很多小块, 每一小块称为 $\boldsymbol{A}$ 的一个子矩阵, 以子矩阵为元素的矩阵称为分块矩阵.

2. 运算

进行分块矩阵的加、减、乘法运算时, 可将子矩阵当作通常矩阵的元素看待. 进行分块矩阵的乘法运算时, 左分块矩阵的列的分法必须和右分块矩阵的行的分法一致.

3. 分块对角阵

$\boldsymbol{A}=\begin{pmatrix} \boldsymbol{A}_1 & \boldsymbol{O} & \cdots & \boldsymbol{O} \\ \boldsymbol{O} & \boldsymbol{A}_2 & \cdots & \boldsymbol{O} \\ \vdots & \vdots & & \vdots \\ \boldsymbol{O} & \boldsymbol{O} & \cdots & \boldsymbol{A}_s \end{pmatrix}$, 其中 $\boldsymbol{A}_i(i=1,2,\cdots,s)$ 为 n_i 阶方阵, 则

(1) $|\boldsymbol{A}|=|\boldsymbol{A}_1||\boldsymbol{A}_2|\cdots|\boldsymbol{A}_s|$;

(2) $\boldsymbol{A}$ 可逆的充要条件是 $\boldsymbol{A}_1,\boldsymbol{A}_2,\cdots,\boldsymbol{A}_s$ 均可逆, 且

$$\boldsymbol{A}^{-1}=\begin{pmatrix} \boldsymbol{A}_1^{-1} & \boldsymbol{O} & \cdots & \boldsymbol{O} \\ \boldsymbol{O} & \boldsymbol{A}_2^{-1} & \cdots & \boldsymbol{O} \\ \vdots & \vdots & & \vdots \\ \boldsymbol{O} & \boldsymbol{O} & \cdots & \boldsymbol{A}_s^{-1} \end{pmatrix}.$$

3.1.5 初等矩阵

1. 定义

由单位矩阵经过一次初等变换所得矩阵称为初等矩阵.

2. 三类初等变换与三类初等方阵相对应

(1) $\boldsymbol{E} \xrightarrow{r_i \leftrightarrow r_j} \boldsymbol{E}(i,j)$;

(2) $\boldsymbol{E} \xrightarrow{k \times r_i} \boldsymbol{E}(i(k))$;

(3) $\boldsymbol{E} \xrightarrow{r_i + kr_j} \boldsymbol{E}(i,j(k))$.

三种初等矩阵是可逆的, 其逆矩阵是同类初等矩阵.

3. 初等矩阵与初等变换的关系

对矩阵 $\boldsymbol{A}$ 左(右)乘一个第 j 类初等矩阵，就相当于对 $\boldsymbol{A}$ 进行一次同类的初等行(列)变换，即

(1) $\boldsymbol{A}\xrightarrow{r_i\leftrightarrow r_j}\boldsymbol{E}(i,j)\boldsymbol{A},\boldsymbol{A}\xrightarrow{c_i\leftrightarrow c_j}\boldsymbol{A}\boldsymbol{E}(i,j)^{\mathrm{T}}$；

(2) $\boldsymbol{A}\xrightarrow{r_i\times k}\boldsymbol{E}(i(k))\boldsymbol{A},\boldsymbol{A}\xrightarrow{c_i\times k}\boldsymbol{A}\boldsymbol{E}(i(k))^{\mathrm{T}}$；

(3) $\boldsymbol{A}\xrightarrow{r_i+kr_j}\boldsymbol{E}(i,j(k))\boldsymbol{A},\boldsymbol{A}\xrightarrow{c_i+kc_j}\boldsymbol{A}\boldsymbol{E}(i,j(k))^{\mathrm{T}}$.

4. 矩阵等价

若矩阵 $\boldsymbol{A}$ 经过有限次初等变换可化为 $\boldsymbol{B}$，则称 $\boldsymbol{A}$ 与 $\boldsymbol{B}$ 等价，记为 $\boldsymbol{A}\sim\boldsymbol{B}$.

5. 用初等变换求逆矩阵

$$(\boldsymbol{A}\mid\boldsymbol{E})\xrightarrow{\text{行变换}}(\boldsymbol{E}\mid\boldsymbol{A}^{-1});\quad\begin{pmatrix}\boldsymbol{A}\\\boldsymbol{E}\end{pmatrix}\xrightarrow{\text{列变换}}\begin{pmatrix}\boldsymbol{E}\\\boldsymbol{A}^{-1}\end{pmatrix}.$$

6. 等价标准形

任一 $m\times n$ 矩阵 $\boldsymbol{A}$ 都等价于一个如下的矩阵

$$\boldsymbol{F}=\begin{pmatrix}\boldsymbol{E}_r&\boldsymbol{O}\\\boldsymbol{O}&\boldsymbol{O}\end{pmatrix},$$

称为 $\boldsymbol{A}$ 的等价标准形，r 为 $\boldsymbol{A}$ 的秩.

3.1.6　矩阵的秩

1. k 阶子式

在矩阵 $\boldsymbol{A}$ 中，任取 k 行、k 列所得的 k^2 个元素不改变它们的相对位置而得的 k 阶行列式，称为 $\boldsymbol{A}$ 的一个 k 阶子式.

2. 秩的定义

矩阵 $\boldsymbol{A}$ 的最高阶非零子式的阶数称为 $\boldsymbol{A}$ 的秩，记作 $R(\boldsymbol{A})$.

3. 秩的性质

(1) 若 $\boldsymbol{A}\sim\boldsymbol{B}$，则 $R(\boldsymbol{A})=R(\boldsymbol{B})$.

(2) 若 $\boldsymbol{A}$ 的所有 r 阶子式(如果有)全等于零，则阶数大于 r 的所有子式全等于零.

(3) 若 $\boldsymbol{A}$ 有一个 k 阶子式非零，则 $R(\boldsymbol{A})\geqslant k$；若 $\boldsymbol{A}$ 的所有 k 阶子式全等于零，则 $R(\boldsymbol{A})<k$.

(4) 若 $\boldsymbol{A}$ 为 $m\times n$ 矩阵，则 $0\leqslant R(\boldsymbol{A})\leqslant\min\{m,n\}$.

(5) $R(\boldsymbol{A})=R(\boldsymbol{A}^{\mathrm{T}})$.

(6) $R(\boldsymbol{PAQ})=R(\boldsymbol{A})$，其中 $\boldsymbol{P},\boldsymbol{Q}$ 为可逆矩阵.

(7) $\max\{R(\boldsymbol{A}),R(\boldsymbol{B})\} \leqslant R(\boldsymbol{A},\boldsymbol{B}) \leqslant R(\boldsymbol{A})+R(\boldsymbol{B})$.

(8) $R(\boldsymbol{A}+\boldsymbol{B}) \leqslant R(\boldsymbol{A})+R(\boldsymbol{B})$.

(9) $R(\boldsymbol{A}_{m\times n})+R(\boldsymbol{B}_{n\times l})-n \leqslant R(\boldsymbol{AB}) \leqslant \min\{R(\boldsymbol{A}),R(\boldsymbol{B})\}$.

(10) 若 $\boldsymbol{A}_{m\times n}\boldsymbol{B}_{n\times l}=\boldsymbol{O}$, 则 $R(\boldsymbol{A})+R(\boldsymbol{B}) \leqslant n$.

4. 秩的求法

对矩阵施行初等行变换, 化为行阶梯形矩阵, 行阶梯形矩阵中非零行的行数就是矩阵的秩.

3.2 考研数学大纲要求

3.2.1 考试内容

矩阵的概念; 矩阵的线性运算; 矩阵的乘法; 方阵的幂; 方阵乘积的行列式; 矩阵的转置; 逆矩阵的概念和性质; 矩阵可逆的充分必要条件; 伴随矩阵; 矩阵的初等变换; 初等矩阵; 矩阵的秩; 矩阵的等价; 分块矩阵及其运算.

3.2.2 考试要求

(1) 理解矩阵的概念, 了解单位矩阵、数量矩阵、对角矩阵、三角矩阵的定义及性质, 了解对称矩阵、反对称矩阵及正交矩阵等的定义和性质.

(2) 掌握矩阵的线性运算、乘法、转置及它们的运算规律, 了解方阵的幂与方阵乘积的行列式的性质.

(3) 理解逆矩阵的概念, 掌握逆矩阵的性质及矩阵可逆的充分必要条件, 理解伴随矩阵的概念, 会用伴随矩阵求逆矩阵.

(4) 了解矩阵的初等变换和初等矩阵及矩阵等价的概念, 理解矩阵的秩的概念, 掌握用初等变换求矩阵的逆矩阵和秩的方法.

(5) 了解分块矩阵的概念, 掌握分块矩阵的运算法则.

3.3 典 型 例 题

例 1 设 $\boldsymbol{\alpha}$ 是三维列向量, $\boldsymbol{\alpha}^{\mathrm{T}}$ 是 $\boldsymbol{\alpha}$ 的转置, 若 $\boldsymbol{\alpha}\boldsymbol{\alpha}^{\mathrm{T}}=\begin{pmatrix}1&-1&1\\-1&1&-1\\1&-1&1\end{pmatrix}$, 求 $\boldsymbol{\alpha}^{\mathrm{T}}\boldsymbol{\alpha}$.

解 设 $\boldsymbol{\alpha}=\begin{pmatrix}x\\y\\z\end{pmatrix}$, 则

$$\boldsymbol{\alpha}\boldsymbol{\alpha}^{\mathrm{T}}=\begin{pmatrix}x\\y\\z\end{pmatrix}(x,y,z)=\begin{pmatrix}x^2&*&*\\ *&y^2&*\\ *&*&z^2\end{pmatrix}=\begin{pmatrix}1&-1&1\\-1&1&-1\\1&-1&1\end{pmatrix},$$

因此

$$\boldsymbol{\alpha}^{\mathrm{T}}\boldsymbol{\alpha}=(x,y,z)\begin{pmatrix}x\\y\\z\end{pmatrix}=x^2+y^2+z^2=3.$$

例 2 求与矩阵 $\boldsymbol{A}=\begin{pmatrix}0&1&0&0\\0&0&1&0\\0&0&0&1\\0&0&0&0\end{pmatrix}$ 可交换的一切矩阵.

解 显然与矩阵 $\boldsymbol{A}$ 可交换的矩阵必是四阶矩阵. 设为

$$\boldsymbol{B}=\begin{pmatrix}a&b&c&d\\a_1&b_1&c_1&d_1\\a_2&b_2&c_2&d_2\\a_3&b_3&c_3&d_3\end{pmatrix},$$

那么

$$\boldsymbol{AB}=\begin{pmatrix}0&1&0&0\\0&0&1&0\\0&0&0&1\\0&0&0&0\end{pmatrix}\begin{pmatrix}a&b&c&d\\a_1&b_1&c_1&d_1\\a_2&b_2&c_2&d_2\\a_3&b_3&c_3&d_3\end{pmatrix}=\begin{pmatrix}a_1&b_1&c_1&d_1\\a_2&b_2&c_2&d_2\\a_3&b_3&c_3&d_3\\0&0&0&0\end{pmatrix},$$

$$\boldsymbol{BA}=\begin{pmatrix}a&b&c&d\\a_1&b_1&c_1&d_1\\a_2&b_2&c_2&d_2\\a_3&b_3&c_3&d_3\end{pmatrix}\begin{pmatrix}0&1&0&0\\0&0&1&0\\0&0&0&1\\0&0&0&0\end{pmatrix}=\begin{pmatrix}0&a&b&c\\0&a_1&b_1&c_1\\0&a_2&b_2&c_2\\0&a_3&b_3&c_3\end{pmatrix},$$

则

$$\begin{pmatrix}a_1&b_1&c_1&d_1\\a_2&b_2&c_2&d_2\\a_3&b_3&c_3&d_3\\0&0&0&0\end{pmatrix}=\begin{pmatrix}0&a&b&c\\0&a_1&b_1&c_1\\0&a_2&b_2&c_2\\0&a_3&b_3&c_3\end{pmatrix}\Rightarrow\begin{cases}a_1=a_2=a_3=b_3=c_3=b_2=0,\\b_1=c_2=d_3=a,\\c_1=d_2=b,\\d_1=c,\end{cases}$$

所以 $\boldsymbol{B}=\begin{pmatrix}a&b&c&d\\0&a&b&c\\0&0&a&b\\0&0&0&a\end{pmatrix}$.

例 3 设矩阵 $\boldsymbol{A}=\begin{pmatrix}2&2&1\\1&1&0\\-1&2&3\end{pmatrix}$，求矩阵 $\boldsymbol{B}$，使 $\boldsymbol{A}+2\boldsymbol{B}=\boldsymbol{AB}$.

解 由 $\boldsymbol{A}+2\boldsymbol{B}=\boldsymbol{AB}$ 得 $(\boldsymbol{A}-2\boldsymbol{E})\boldsymbol{B}=\boldsymbol{A}$, $\boldsymbol{B}=(\boldsymbol{A}-2\boldsymbol{E})^{-1}\boldsymbol{A}$, 又 $\boldsymbol{A}-2\boldsymbol{E}=\begin{pmatrix}0&2&1\\1&-1&0\\-1&2&1\end{pmatrix}$,

$$(\boldsymbol{A}-2\boldsymbol{E}\ \vdots\ \boldsymbol{A})=\left(\begin{array}{ccc:ccc}0&2&1&2&2&1\\1&-1&0&1&1&0\\-1&2&1&-1&2&3\end{array}\right)\xrightarrow{r}\left(\begin{array}{ccc:ccc}1&0&0&3&0&-2\\0&1&0&2&-1&-2\\0&0&1&-2&4&5\end{array}\right),$$

所以 $\boldsymbol{B}=\begin{pmatrix}3&0&-2\\2&-1&-2\\-2&4&5\end{pmatrix}$.

例 4 设矩阵 $\boldsymbol{A}=\begin{pmatrix}1&1&-1\\-1&1&1\\1&-1&1\end{pmatrix}$，矩阵 $\boldsymbol{X}$ 满足 $\boldsymbol{A}^*\boldsymbol{X}=\boldsymbol{A}^{-1}+2\boldsymbol{X}$，其中 $\boldsymbol{A}^*$ 是 $\boldsymbol{A}$ 的伴随矩阵, 求矩阵 $\boldsymbol{X}$.

解 由

$$\begin{aligned}\boldsymbol{A}^*\boldsymbol{X}=\boldsymbol{A}^{-1}+2\boldsymbol{X}&\Leftrightarrow \boldsymbol{AA}^*\boldsymbol{X}=\boldsymbol{E}+2\boldsymbol{AX}\\&\Leftrightarrow |\boldsymbol{A}|\boldsymbol{X}-2\boldsymbol{AX}=\boldsymbol{E}\Leftrightarrow(|\boldsymbol{A}|\boldsymbol{E}-2\boldsymbol{A})\boldsymbol{X}=\boldsymbol{E}\end{aligned}$$

知 $|\boldsymbol{A}|\boldsymbol{E}-2\boldsymbol{A}$ 可逆, 且

$$(|\boldsymbol{A}|\boldsymbol{E}-2\boldsymbol{A})^{-1}=\boldsymbol{X}.$$

由于

$$\begin{aligned}(|\boldsymbol{A}|\boldsymbol{E}-2\boldsymbol{A}\ \vdots\ \boldsymbol{E})&=\left(\begin{array}{ccc:ccc}2&-2&2&1&0&0\\2&2&-2&0&1&0\\-2&2&2&0&0&1\end{array}\right)\\&\to\left(\begin{array}{ccc:ccc}1&-1&1&\frac{1}{2}&0&0\\0&1&-1&-\frac{1}{4}&\frac{1}{4}&0\\0&0&1&\frac{1}{4}&0&\frac{1}{4}\end{array}\right)\to\left(\begin{array}{ccc:ccc}1&0&0&\frac{1}{4}&\frac{1}{4}&0\\0&1&0&0&\frac{1}{4}&\frac{1}{4}\\0&0&1&\frac{1}{4}&0&\frac{1}{4}\end{array}\right),\end{aligned}$$

故 $\boldsymbol{X}=\begin{pmatrix}\frac{1}{4}&\frac{1}{4}&0\\0&\frac{1}{4}&\frac{1}{4}\\\frac{1}{4}&0&\frac{1}{4}\end{pmatrix}$.

例 5　设二阶矩阵 $\boldsymbol{A}$ 可逆，且 $\boldsymbol{A}^{-1}=\begin{pmatrix}a_1 & a_2\\ b_1 & b_2\end{pmatrix}$，对于矩阵 $\boldsymbol{P}_1=\begin{pmatrix}1 & 2\\ 0 & 1\end{pmatrix}$，$\boldsymbol{P}_2=\begin{pmatrix}0 & 1\\ 1 & 0\end{pmatrix}$，令 $\boldsymbol{B}=\boldsymbol{P}_1\boldsymbol{A}\boldsymbol{P}_2$，求 $\boldsymbol{B}^{-1}$.

解　矩阵 $\boldsymbol{A}$ 可逆，且 $\boldsymbol{P}_1$，$\boldsymbol{P}_2$ 可逆，

$$\boldsymbol{B}=\boldsymbol{P}_1\boldsymbol{A}\boldsymbol{P}_2\Rightarrow\boldsymbol{B}^{-1}=\boldsymbol{P}_2^{-1}\boldsymbol{A}^{-1}\boldsymbol{P}_1^{-1}$$

$$=\begin{pmatrix}0 & 1\\ 1 & 0\end{pmatrix}\begin{pmatrix}a_1 & a_2\\ b_1 & b_2\end{pmatrix}\begin{pmatrix}1 & -2\\ 0 & 1\end{pmatrix}=\begin{pmatrix}b_1 & b_2-2b_1\\ a_1 & a_2-2a_1\end{pmatrix}.$$

例 6　设矩阵 $\boldsymbol{P}=\begin{pmatrix}-1 & -4\\ 1 & 1\end{pmatrix},\boldsymbol{D}=\begin{pmatrix}-1 & 0\\ 0 & 2\end{pmatrix}$，矩阵 $\boldsymbol{A}$ 由矩阵方程 $\boldsymbol{P}^{-1}\boldsymbol{A}\boldsymbol{P}=\boldsymbol{D}$ 确定，试求 $\boldsymbol{A}^5$.

解　因为

$$\boldsymbol{P}^{-1}\boldsymbol{A}\boldsymbol{P}=\boldsymbol{D}\Rightarrow\boldsymbol{A}=\boldsymbol{P}\boldsymbol{D}\boldsymbol{P}^{-1}\Rightarrow\boldsymbol{A}^5=\boldsymbol{P}\boldsymbol{D}^5\boldsymbol{P}^{-1},$$

$$\boldsymbol{P}=\begin{pmatrix}-1 & -4\\ 1 & 1\end{pmatrix}\Rightarrow\boldsymbol{P}^{-1}=\begin{pmatrix}\frac{1}{3} & \frac{4}{3}\\ -\frac{1}{3} & -\frac{1}{3}\end{pmatrix},$$

$$\boldsymbol{D}^5=\begin{pmatrix}-1 & 0\\ 0 & 32\end{pmatrix},$$

所以 $\boldsymbol{A}^5=\boldsymbol{P}\boldsymbol{D}^5\boldsymbol{P}^{-1}=\begin{pmatrix}-1 & -4\\ 1 & 1\end{pmatrix}\cdot\begin{pmatrix}-1 & 0\\ 0 & 32\end{pmatrix}\begin{pmatrix}\frac{1}{3} & \frac{4}{3}\\ -\frac{1}{3} & -\frac{1}{3}\end{pmatrix}=\begin{pmatrix}43 & 44\\ -11 & -12\end{pmatrix}$.

例 7　求矩阵的逆矩阵 $\begin{pmatrix}1 & 2 & 0 & 0\\ 3 & 4 & 0 & 0\\ 0 & 0 & 5 & 6\\ 0 & 0 & 7 & 8\end{pmatrix}$.

解　因为 $\begin{pmatrix}1 & 2 & 0 & 0\\ 3 & 4 & 0 & 0\\ 0 & 0 & 5 & 6\\ 0 & 0 & 7 & 8\end{pmatrix}=\begin{pmatrix}\boldsymbol{A} & \boldsymbol{O}\\ \boldsymbol{O} & \boldsymbol{B}\end{pmatrix}$，其中 $\boldsymbol{A}=\begin{pmatrix}1 & 2\\ 3 & 4\end{pmatrix},\boldsymbol{B}=\begin{pmatrix}5 & 6\\ 7 & 8\end{pmatrix}$，则

$$|\boldsymbol{A}|=\begin{vmatrix}1 & 2\\ 3 & 4\end{vmatrix}=-2,\quad |\boldsymbol{B}|=\begin{vmatrix}5 & 6\\ 7 & 8\end{vmatrix}=-2,$$

所以 $\boldsymbol{A},\boldsymbol{B}$ 都可逆，且

$$\boldsymbol{A}^{-1}=\begin{pmatrix}-2 & 1\\ \frac{3}{2} & -\frac{1}{2}\end{pmatrix},\quad \boldsymbol{B}^{-1}=\begin{pmatrix}-4 & 3\\ \frac{7}{2} & -\frac{5}{2}\end{pmatrix},$$

所以$\begin{pmatrix}1&2&0&0\\3&4&0&0\\0&0&5&6\\0&0&7&8\end{pmatrix}^{-1}=\begin{pmatrix}\boldsymbol{A}&\boldsymbol{O}\\\boldsymbol{O}&\boldsymbol{B}\end{pmatrix}^{-1}=\begin{pmatrix}\boldsymbol{A}^{-1}&\boldsymbol{O}\\\boldsymbol{O}&\boldsymbol{B}^{-1}\end{pmatrix}=\begin{pmatrix}-2&1&0&0\\\frac{3}{2}&-\frac{1}{2}&0&0\\0&0&-4&3\\0&0&\frac{7}{2}&-\frac{5}{2}\end{pmatrix}$.

例 8 已知n阶方阵$\boldsymbol{A}$满足关系式$\boldsymbol{A}^2-3\boldsymbol{A}-2\boldsymbol{E}=\boldsymbol{O}$，证明$\boldsymbol{A}$是可逆矩阵，并求其逆矩阵.

证明 因为$\boldsymbol{A}^2-3\boldsymbol{A}-2\boldsymbol{E}=\boldsymbol{O}\Rightarrow\boldsymbol{A}(\boldsymbol{A}-3\boldsymbol{E})=2\boldsymbol{E}\Rightarrow\boldsymbol{A}\frac{1}{2}(\boldsymbol{A}-3\boldsymbol{E})=\boldsymbol{E}$，所以$\boldsymbol{A}$是可逆矩阵，且其逆矩阵为$\frac{1}{2}(\boldsymbol{A}-3\boldsymbol{E})$.

例 9 设三阶方阵$\boldsymbol{A}=\begin{pmatrix}\boldsymbol{\alpha}\\2\boldsymbol{\gamma}_1\\3\boldsymbol{\gamma}_2\end{pmatrix},\boldsymbol{B}=\begin{pmatrix}\boldsymbol{\beta}\\\boldsymbol{\gamma}_1\\\boldsymbol{\gamma}_2\end{pmatrix}$，其中$\boldsymbol{\alpha},\boldsymbol{\beta},\boldsymbol{\gamma}_1,\boldsymbol{\gamma}_2$都是$1\times3$矩阵，已知$|\boldsymbol{A}|=18$，$|\boldsymbol{B}|=2$，求出$|\boldsymbol{A}-\boldsymbol{B}|$的值.

解 因为$|\boldsymbol{A}|=\begin{vmatrix}\boldsymbol{\alpha}\\2\boldsymbol{\gamma}_1\\3\boldsymbol{\gamma}_2\end{vmatrix}=6\begin{vmatrix}\boldsymbol{\alpha}\\\boldsymbol{\gamma}_1\\\boldsymbol{\gamma}_2\end{vmatrix}=18$，所以

$$\begin{vmatrix}\boldsymbol{\alpha}\\\boldsymbol{\gamma}_1\\\boldsymbol{\gamma}_2\end{vmatrix}=3,\quad|\boldsymbol{B}|=\begin{vmatrix}\boldsymbol{\beta}\\\boldsymbol{\gamma}_1\\\boldsymbol{\gamma}_2\end{vmatrix}=2,\quad\boldsymbol{A}-\boldsymbol{B}=\begin{pmatrix}\boldsymbol{\alpha}-\boldsymbol{\beta}\\\boldsymbol{\gamma}_1\\2\boldsymbol{\gamma}_2\end{pmatrix},$$

于是

$$|\boldsymbol{A}-\boldsymbol{B}|=\begin{vmatrix}\boldsymbol{\alpha}-\boldsymbol{\beta}\\\boldsymbol{\gamma}_1\\2\boldsymbol{\gamma}_2\end{vmatrix}=\begin{vmatrix}\boldsymbol{\alpha}\\\boldsymbol{\gamma}_1\\2\boldsymbol{\gamma}_2\end{vmatrix}-\begin{vmatrix}\boldsymbol{\beta}\\\boldsymbol{\gamma}_1\\2\boldsymbol{\gamma}_2\end{vmatrix}=2\begin{vmatrix}\boldsymbol{\alpha}\\\boldsymbol{\gamma}_1\\\boldsymbol{\gamma}_2\end{vmatrix}-2\begin{vmatrix}\boldsymbol{\beta}\\\boldsymbol{\gamma}_1\\\boldsymbol{\gamma}_2\end{vmatrix}=2\times3-2\times2=2.$$

例 10 设$\boldsymbol{A}$是三阶方阵，且$|\boldsymbol{A}|=\frac{1}{27}$，求$|(3\boldsymbol{A})^{-1}-18\boldsymbol{A}^*|$.

解 由题意知$(3\boldsymbol{A})^{-1}=\frac{1}{3}\boldsymbol{A}^{-1}=\frac{1}{3}\frac{1}{|\boldsymbol{A}|}\boldsymbol{A}^*=9\boldsymbol{A}^*$，则

$$|(3\boldsymbol{A})^{-1}-18\boldsymbol{A}^*|=|9\boldsymbol{A}^*-18\boldsymbol{A}^*|=|-9\boldsymbol{A}^*|=(-9)^3|\boldsymbol{A}^*|=(-9)^3|\boldsymbol{A}|^2=-1.$$

例 11 设$\boldsymbol{A}$为n阶实矩阵，且$\boldsymbol{A}^{\mathrm{T}}=\boldsymbol{A}^{-1}$，$|\boldsymbol{A}|<0$，求行列式$|\boldsymbol{A}+\boldsymbol{E}|$.

解

$$\begin{aligned}&\boldsymbol{A}^{\mathrm{T}}=\boldsymbol{A}^{-1}\Rightarrow\boldsymbol{A}^{\mathrm{T}}\boldsymbol{A}=\boldsymbol{E}\\&\Rightarrow|\boldsymbol{A}+\boldsymbol{E}|=|\boldsymbol{A}+\boldsymbol{A}^{\mathrm{T}}\boldsymbol{A}|=|(\boldsymbol{E}+\boldsymbol{A}^{\mathrm{T}})\boldsymbol{A}|\\&=|\boldsymbol{E}+\boldsymbol{A}^{\mathrm{T}}||\boldsymbol{A}|=|(\boldsymbol{E}+\boldsymbol{A})^{\mathrm{T}}||\boldsymbol{A}|=|\boldsymbol{E}+\boldsymbol{A}||\boldsymbol{A}|,\end{aligned}$$

因为$|\boldsymbol{A}|<0$，所以$|\boldsymbol{A}+\boldsymbol{E}|=0$.

例 12 设矩阵 $\boldsymbol{A}$ 可逆，证明 $(\boldsymbol{A}^*)^{-1}=\left|\boldsymbol{A}^{-1}\right|\boldsymbol{A}$.

证明 因为 $\boldsymbol{A}\boldsymbol{A}^*=\boldsymbol{A}^*\boldsymbol{A}=|\boldsymbol{A}|\boldsymbol{E}$，矩阵 $\boldsymbol{A}$ 可逆，所以

$$|\boldsymbol{A}|\neq 0\Rightarrow \frac{1}{|\boldsymbol{A}|}\boldsymbol{A}\boldsymbol{A}^*=\boldsymbol{A}^*\frac{1}{|\boldsymbol{A}|}\boldsymbol{A}=\boldsymbol{E},$$

又 $\left|\boldsymbol{A}^{-1}\right|=\dfrac{1}{|\boldsymbol{A}|}$，所以 $(\boldsymbol{A}^*)^{-1}=\left|\boldsymbol{A}^{-1}\right|\boldsymbol{A}$.

例 13 已知矩阵 $\boldsymbol{A}=\begin{pmatrix}1&3&2&k\\-1&1&k&1\\1&7&5&3\end{pmatrix}$，$R(\boldsymbol{A})=2$，求 k 的值.

解
$$\begin{pmatrix}1&3&2&k\\-1&1&k&1\\1&7&5&3\end{pmatrix}\to\begin{pmatrix}1&3&2&k\\0&4&k+2&k+1\\0&4&3&3-k\end{pmatrix}\to\begin{pmatrix}1&3&2&k\\0&4&k+2&k+1\\0&0&1-k&2-2k\end{pmatrix}.$$

因为 $R(\boldsymbol{A})=2$，所以 $k=1$.

例 14 已知 $\boldsymbol{A}=\begin{pmatrix}x&1&1\\1&x&1\\1&1&x\end{pmatrix}$，讨论 $\boldsymbol{A}$ 的秩.

解
$$\boldsymbol{A}=\begin{pmatrix}x&1&1\\1&x&1\\1&1&x\end{pmatrix}\to\begin{pmatrix}1&1&x\\0&x-1&1-x\\0&0&(1-x)(2+x)\end{pmatrix}.$$

当 $x\neq1$ 和 -2 时，$R(\boldsymbol{A})=3$；当 $x=-2$ 时，$R(\boldsymbol{A})=2$；当 $x=1$ 时，$R(\boldsymbol{A})=1$.

例 15 设矩阵 $\boldsymbol{A}=\begin{pmatrix}1&-1&1&2\\3&\lambda&-1&2\\5&3&\mu&6\end{pmatrix}$，已知 $R(\boldsymbol{A})=2$，求 λ 与 μ 的值.

解
$$\boldsymbol{A}=\begin{pmatrix}1&-1&1&2\\3&\lambda&-1&2\\5&3&\mu&6\end{pmatrix}\xrightarrow[r_3-5r_1]{r_2-3r_1}\begin{pmatrix}1&-1&1&2\\0&\lambda+3&-4&-4\\0&8&\mu-5&-4\end{pmatrix}.$$

因为 $R(\boldsymbol{A})=2$，所以 $\dfrac{\lambda+3}{8}=\dfrac{-4}{\mu-5}=\dfrac{-4}{-4}$，故 $\lambda=5,\mu=1$.

例 16 设 $n(n\geqslant3)$ 阶矩阵 $\boldsymbol{A}=\begin{pmatrix}1&a&a&\cdots&a\\a&1&a&\cdots&a\\a&a&1&\cdots&a\\\vdots&\vdots&\vdots&&\vdots\\a&a&a&\cdots&1\end{pmatrix}$ 的秩为 $n-1$，求 a.

解
$$A=\begin{pmatrix}1 & a & a & \cdots & a\\ a & 1 & a & \cdots & a\\ a & a & 1 & \cdots & a\\ \vdots & \vdots & \vdots & & \vdots\\ a & a & a & \cdots & 1\end{pmatrix}\to\begin{pmatrix}1+(n-1)a & a & a & \cdots & a\\ 1+(n-1)a & 1 & a & \cdots & a\\ 1+(n-1)a & a & 1 & \cdots & a\\ \vdots & \vdots & \vdots & & \vdots\\ 1+(n-1)a & a & a & \cdots & 1\end{pmatrix}$$

$$\to\begin{pmatrix}1+(n-1)a & a & a & \cdots & a\\ 0 & 1-a & 0 & \cdots & 0\\ 0 & 0 & 1-a & \cdots & 0\\ \vdots & \vdots & \vdots & & \vdots\\ 0 & 0 & 0 & \cdots & 1-a\end{pmatrix}.$$

因为秩为$n-1$，所以$a\neq 1$，继续作初等变换得

$$\begin{pmatrix}1+(n-1)a & 0 & 0 & \cdots & 0\\ 0 & 1 & 0 & \cdots & 0\\ 0 & 0 & 1 & \cdots & 0\\ \vdots & \vdots & \vdots & & \vdots\\ 0 & 0 & 0 & \cdots & 1\end{pmatrix},$$

故$1+(n-1)a=0\Rightarrow a=\dfrac{1}{1-n}$.

3.4 练 习 题

3.4.1 矩阵的概念与运算

一、填空题.

1. $\begin{pmatrix} 2 & 1 & 0 \\ 1 & -1 & 4 \end{pmatrix}\begin{pmatrix} 1 & 3 \\ 0 & -1 \\ 4 & 0 \end{pmatrix} =$ ___________.

2. 若 $\boldsymbol{A},\boldsymbol{B}$ 为同阶方阵, 则 $(\boldsymbol{A}+\boldsymbol{B})(\boldsymbol{A}-\boldsymbol{B})=\boldsymbol{A}^2-\boldsymbol{B}^2$ 的充分必要条件是___________.

3. 设矩阵 $\boldsymbol{A}=\begin{pmatrix} 1 & 1 & 1 \\ 0 & 2 & 2 \\ 0 & 0 & 3 \end{pmatrix}$, 则 $\boldsymbol{A}^{\mathrm{T}}\boldsymbol{A}=$ ___________.

二、选择题.

1. 设矩阵 $\boldsymbol{A}=\begin{pmatrix} 1 & 2 \\ 3 & 4 \end{pmatrix},\boldsymbol{B}=\begin{pmatrix} 1 & 2 & 3 \\ 4 & 5 & 6 \end{pmatrix},\boldsymbol{C}=\begin{pmatrix} 1 & 4 \\ 2 & 5 \\ 3 & 6 \end{pmatrix}$, 则下列矩阵运算有意义的是(　　).

A. $\boldsymbol{ACB}$　　B. $\boldsymbol{ABC}$　　C. $\boldsymbol{BAC}$　　D. $\boldsymbol{CBA}$

2. 下列结论中, 不正确的是(　　).

A. $\boldsymbol{A}$ 为 n 阶矩阵, 则 $(\boldsymbol{A}-\boldsymbol{E})(\boldsymbol{A}+\boldsymbol{E})=\boldsymbol{A}^2-\boldsymbol{E}$

B. 设 $\boldsymbol{A},\boldsymbol{B}$ 均为 $n\times 1$ 矩阵, 则 $\boldsymbol{A}^{\mathrm{T}}\boldsymbol{B}=\boldsymbol{B}^{\mathrm{T}}\boldsymbol{A}$

C. 设 $\boldsymbol{A},\boldsymbol{B}$ 均为 n 阶矩阵, 且满足 $\boldsymbol{AB}=\boldsymbol{O}$, 则 $(\boldsymbol{A}+\boldsymbol{B})^2=\boldsymbol{A}^2+\boldsymbol{B}^2$

D. 设 $\boldsymbol{A},\boldsymbol{B}$ 均为 n 阶矩阵, 且满足 $\boldsymbol{AB}=\boldsymbol{BA}$, 则 $\boldsymbol{A}^k\boldsymbol{B}^m=\boldsymbol{B}^m\boldsymbol{A}^k\,(k,m\in\mathbf{N})$

三、解答题.

1. 设矩阵 $\boldsymbol{A}=\begin{pmatrix} 1 & -1 & 3 \\ 2 & 0 & 1 \end{pmatrix},\boldsymbol{B}=\begin{pmatrix} 2 & 0 \\ 0 & 1 \end{pmatrix}$, $\boldsymbol{A}^{\mathrm{T}}$ 为 $\boldsymbol{A}$ 的转置, 求 $\boldsymbol{A}^{\mathrm{T}}\boldsymbol{B}$.

2. 设$1\times n$矩阵$\boldsymbol{\alpha}=\left(\frac{1}{2},0,\cdots,0,\frac{1}{2}\right)$,矩阵$\boldsymbol{A}=\boldsymbol{E}-\boldsymbol{\alpha}^{\mathrm{T}}\boldsymbol{\alpha},\boldsymbol{B}=\boldsymbol{E}+2\boldsymbol{\alpha}^{\mathrm{T}}\boldsymbol{\alpha}$,其中$\boldsymbol{E}$为$n$阶单位矩阵, 求$\boldsymbol{AB}$.

3. 设$\boldsymbol{A}=\begin{pmatrix}2&0&0\\-1&1&1\\3&-1&3\end{pmatrix}$, 求$\boldsymbol{A}^{\mathrm{T}}\boldsymbol{A},\boldsymbol{A}\boldsymbol{A}^{\mathrm{T}}$.

4. 设$\boldsymbol{A}=\begin{pmatrix}1&1&0&0\\0&1&1&0\\0&0&1&1\\0&0&0&1\end{pmatrix}$, 求$\boldsymbol{A}^2,\boldsymbol{A}^3$和$\boldsymbol{A}^n$.

3.4.2　几种特殊矩阵及性质

一、填空题.

1. 设 $\boldsymbol{A}$ 是三阶方阵, 且 $|\boldsymbol{A}|=3$, 则 $|2\boldsymbol{A}|=$__________.

2. 设矩阵 $\boldsymbol{A}=\begin{pmatrix}1&5&6&2\\0&2&7&0\\0&0&3&9\\0&0&0&4\end{pmatrix}$, 则行列式 $|\boldsymbol{A}|$ 的值为__________.

3. 设 $\boldsymbol{A}$ 为六阶方阵, 且 $|\boldsymbol{A}|=2$, 则 $|\boldsymbol{A}\boldsymbol{A}^*|=$__________.

4. 设 $\boldsymbol{A}=\begin{pmatrix}2&0&3\\1&-1&1\\0&1&-2\end{pmatrix}$, 则 $\boldsymbol{A}^*=$__________.

5. 设 $\boldsymbol{A}=\begin{pmatrix}2&0&0\\0&0&1\\0&1&0\end{pmatrix}$, 求 $|\boldsymbol{A}^5|=$__________.

二、选择题.

1. 对任意 n 阶方阵 $\boldsymbol{A},\boldsymbol{B}$ 总有(　　).

A. $\boldsymbol{AB}=\boldsymbol{BA}$　　B. $|\boldsymbol{AB}|=|\boldsymbol{BA}|$

C. $(\boldsymbol{AB})^{\mathrm{T}}=\boldsymbol{A}^{\mathrm{T}}\boldsymbol{B}^{\mathrm{T}}$　　D. $(\boldsymbol{AB})^2=\boldsymbol{A}^2\boldsymbol{B}^2$

2. 设 $\boldsymbol{A},\boldsymbol{B}$ 是两个 n 阶方阵, 若 $\boldsymbol{AB}=\boldsymbol{O}$, 则必有(　　).

A. $\boldsymbol{A}=\boldsymbol{O}$ 且 $\boldsymbol{B}=\boldsymbol{O}$　　B. $\boldsymbol{A}=\boldsymbol{O}$ 或 $\boldsymbol{B}=\boldsymbol{O}$

C. $|\boldsymbol{A}|=0$ 且 $|\boldsymbol{B}|=0$　　D. $|\boldsymbol{A}|=0$ 或 $|\boldsymbol{B}|=0$

3. 设三阶矩阵 $\boldsymbol{A}=(\boldsymbol{\alpha}_1,\boldsymbol{\beta},\boldsymbol{\gamma})$, $\boldsymbol{B}=(\boldsymbol{\alpha}_2,\boldsymbol{\beta},\boldsymbol{\gamma})$, 且 $|\boldsymbol{A}|=2$, $|\boldsymbol{B}|=-1$, 则 $|\boldsymbol{A}+\boldsymbol{B}|=$(　　).

A. 4　　B. 2　　C. 1　　D. −4

4. $\boldsymbol{A},\boldsymbol{B}$ 均为 n 阶矩阵, 下列各式中成立的为(　　).

A. $(\boldsymbol{A}+\boldsymbol{B})^2=\boldsymbol{A}^2+2\boldsymbol{AB}+\boldsymbol{B}^2$

B. $(\boldsymbol{AB})^{\mathrm{T}}=\boldsymbol{A}^{\mathrm{T}}\boldsymbol{B}^{\mathrm{T}}$

C. $\boldsymbol{AB}=\boldsymbol{O}$, 则 $\boldsymbol{A}=\boldsymbol{O}$ 或 $\boldsymbol{B}=\boldsymbol{O}$

D. 若 $|\boldsymbol{A}+\boldsymbol{AB}|=0$, 则 $|\boldsymbol{A}|=0$ 或 $|\boldsymbol{E}+\boldsymbol{B}|=0$

三、证明题.

证明: 若 $\boldsymbol{A},\boldsymbol{B}$ 是对称矩阵, 则 $\boldsymbol{A}+\boldsymbol{B},\lambda\boldsymbol{A}$ 仍是对称矩阵(λ 为常数).

四、计算题.

设 $\boldsymbol{A}=\begin{pmatrix} a & -b \\ b & a \end{pmatrix}$，计算$\left|3\boldsymbol{A}\boldsymbol{A}^{\mathrm{T}}\right|$.

3.4.3　逆矩阵

一、选择题.

1. 设 $\boldsymbol{A}$ 为 n 阶可逆矩阵, 下列运算中正确的是(　　).

A. $(2\boldsymbol{A})^{\mathrm{T}}=2\boldsymbol{A}^{\mathrm{T}}$　　B. $(3\boldsymbol{A})^{-1}=3\boldsymbol{A}^{-1}$

C. $\{[(\boldsymbol{A})^{\mathrm{T}}]^{\mathrm{T}}\}^{-1}=[(\boldsymbol{A}^{-1})^{-1}]^{\mathrm{T}}$　　D. $(\boldsymbol{A}^{-1})^{\mathrm{T}}=\boldsymbol{A}$

2. 设 $\boldsymbol{A}$ 是二阶方阵可逆, 且 $\boldsymbol{A}^{-1}=\begin{pmatrix}-3 & 7\\ 1 & -2\end{pmatrix}$, 则 $\boldsymbol{A}=$(　　).

A. $\begin{pmatrix}-2 & 7\\ 1 & -3\end{pmatrix}$　　B. $\begin{pmatrix}2 & 7\\ 1 & 3\end{pmatrix}$　　C. $\begin{pmatrix}2 & -7\\ -1 & 3\end{pmatrix}$　　D. $\begin{pmatrix}3 & 7\\ 1 & 2\end{pmatrix}$

3. 设 n 阶方阵 $\boldsymbol{A}$ 满足 $\boldsymbol{A}^2-\boldsymbol{E}=\boldsymbol{O}$, 其中 $\boldsymbol{E}$ 是 n 阶单位矩阵, 则必有(　　).

A. $\boldsymbol{A}=\boldsymbol{E}$　　B. $\boldsymbol{A}=-\boldsymbol{E}$　　C. $\boldsymbol{A}=\boldsymbol{A}^{-1}$　　D. $|\boldsymbol{A}|=1$

二、填空题.

1. 设矩阵 $\boldsymbol{A}=\begin{pmatrix}0 & 0 & 0 & 1\\ 0 & 0 & 2 & 0\\ 0 & 3 & 0 & 0\\ 4 & 0 & 0 & 0\end{pmatrix}$, 则 $\boldsymbol{A}^{-1}=$__________.

2. 设 $\boldsymbol{A}=\begin{pmatrix}1 & 0 & 0\\ 2 & 2 & 0\\ 3 & 3 & 3\end{pmatrix}$ 的伴随矩阵为 $\boldsymbol{A}^*$, 则 $(\boldsymbol{A}^*)^{-1}=$__________.

3. 设 $\boldsymbol{A}$ 为三阶可逆矩阵, 且 $\boldsymbol{A}^{-1}=\begin{pmatrix}1 & 2 & 3\\ 0 & 1 & -2\\ 0 & 0 & -1\end{pmatrix}$, 则 $\boldsymbol{A}^*=$__________.

4. 设 $\begin{pmatrix}2 & 1\\ 1 & 2\end{pmatrix}\boldsymbol{X}=\begin{pmatrix}1 & 2\\ 1 & 4\end{pmatrix}$, 则 $\boldsymbol{X}=$__________.

5. 已知 $\boldsymbol{P}^{-1}\boldsymbol{A}\boldsymbol{P}=\boldsymbol{B}$, 且 $|\boldsymbol{B}|\neq 0$, 则 $\dfrac{|\boldsymbol{A}|}{|\boldsymbol{B}|}=$__________.

三、解答题.

1. 已知三阶方阵 $\boldsymbol{A}$ 的逆矩阵为 $\boldsymbol{A}^{-1}=\begin{pmatrix}1 & 1 & 1\\ 1 & 2 & 1\\ 1 & 1 & 3\end{pmatrix}$, 试求伴随矩阵 $\boldsymbol{A}^*$ 的逆矩阵.

2. 已知矩阵 $\boldsymbol{X}$ 满足 $\boldsymbol{AXB}=\boldsymbol{C}$, 其中 $\boldsymbol{A}=\begin{pmatrix}-1&0&0\\0&5&3\\0&2&1\end{pmatrix}$, $\boldsymbol{B}=\begin{pmatrix}-2&-3\\3&5\end{pmatrix}$, $\boldsymbol{C}=\begin{pmatrix}2&3\\1&2\\-1&-2\end{pmatrix}$, 求矩阵 $\boldsymbol{X}$.

四、证明题.

若 $\boldsymbol{A}^2-\boldsymbol{A}-3\boldsymbol{E}=\boldsymbol{O}$, 证明 $\boldsymbol{A},\boldsymbol{A}-2\boldsymbol{E}$ 可逆, 并求其逆.

3.4.4 分块矩阵

一、填空题.

1. 设 $\boldsymbol{A}=\begin{pmatrix}2&1&0\\1&1&0\\0&0&2\end{pmatrix}$, 则 $\boldsymbol{A}^{-1}=$__________.

2. 设 $\boldsymbol{A}=\begin{pmatrix}-4&2&0&0\\2&0&0&0\\0&0&-7&3\\0&0&5&-1\end{pmatrix}$, 则 $|\boldsymbol{A}|=$__________.

3. 设 $\boldsymbol{A}=\begin{pmatrix}0&0&1&2\\0&0&3&4\\5&6&0&0\\7&8&0&0\end{pmatrix}$, 则 $\boldsymbol{A}^{-1}=$__________.

二、解答题.

1. 设 $\boldsymbol{A}$ 为三阶矩阵, 且 $|\boldsymbol{A}|=-2$, 若将 $\boldsymbol{A}$ 按列分块为 $(\boldsymbol{A}_1,\boldsymbol{A}_2,\boldsymbol{A}_3)$, 其中 $\boldsymbol{A}_j$ 为 $\boldsymbol{A}$ 的第 j 列 $(j=1,2,3)$, 求 $|\boldsymbol{A}_2-\boldsymbol{A}_1,\boldsymbol{A}_1,2\boldsymbol{A}_3-\boldsymbol{A}_2|$.

2. 设 $\boldsymbol{A}=\begin{pmatrix}-4&2&0&0\\2&0&0&0\\0&0&-7&3\\0&0&5&-1\end{pmatrix}$, 且 $\boldsymbol{BA}=\boldsymbol{A}+\boldsymbol{B}$, 求矩阵 $\boldsymbol{B}$.

3. 设矩阵 $\boldsymbol{A}=\begin{pmatrix}1&1&0&0\\3&2&0&0\\0&0&3&-2\\0&0&0&-1\end{pmatrix}$，求 $\left|\boldsymbol{A}^{10}\right|,\boldsymbol{A}\boldsymbol{A}^{\mathrm{T}}$.

4. 设 $\boldsymbol{A},\boldsymbol{B}$ 为 n 阶矩阵，$\boldsymbol{A}^*,\boldsymbol{B}^*$ 分别为 $\boldsymbol{A},\boldsymbol{B}$ 对应的伴随矩阵、分块矩阵 $\boldsymbol{C}=\begin{pmatrix}\boldsymbol{A}&\boldsymbol{O}\\\boldsymbol{O}&\boldsymbol{B}\end{pmatrix}$，求 $\boldsymbol{C}$ 的伴随矩阵 $\boldsymbol{C}^*$.

5. 设 $\boldsymbol{A}$ 为 m 阶矩阵，$\boldsymbol{B}$ 为 n 阶矩阵，且 $|\boldsymbol{A}|=a,|\boldsymbol{B}|=b$. 若 $\boldsymbol{C}=\begin{pmatrix}\boldsymbol{O}&3\boldsymbol{A}\\\boldsymbol{B}&\boldsymbol{O}\end{pmatrix}$，求 $|\boldsymbol{C}|$.

3.4.5 初等矩阵

一、填空题.

设$\begin{pmatrix} 0 & 1 & 0 \\ 1 & 0 & 0 \\ 0 & 0 & 1 \end{pmatrix} \boldsymbol{A} \begin{pmatrix} 1 & 0 & 1 \\ 0 & 1 & 0 \\ 0 & 0 & 1 \end{pmatrix} = \begin{pmatrix} 1 & 2 & 3 \\ 4 & 5 & 6 \\ 7 & 8 & 9 \end{pmatrix}$, 则 $\boldsymbol{A}$=____________.

二、选择题.

设 $\boldsymbol{A}$ 为 n 阶可逆矩阵, 交换 $\boldsymbol{A}$ 的第一行与第二行得矩阵 $\boldsymbol{B}$, $\boldsymbol{A}^*, \boldsymbol{B}^*$ 分别为 $\boldsymbol{A}, \boldsymbol{B}$ 伴随矩阵, 则(　　).

A. 交换 $\boldsymbol{A}^*$ 的第一列与第二列得 $\boldsymbol{B}^*$　　B. 交换 $\boldsymbol{A}^*$ 的第一行与第二行得 $\boldsymbol{B}^*$

C. 交换 $\boldsymbol{A}^*$ 的第一列与第二列得 $-\boldsymbol{B}^*$　　D. 交换 $\boldsymbol{A}^*$ 的第一行与第二行得 $-\boldsymbol{B}^*$

三、解答题.

1. 用矩阵初等变换求 $\boldsymbol{A} = \begin{pmatrix} 3 & 2 & 1 \\ 3 & 1 & 5 \\ 3 & 2 & 3 \end{pmatrix}$的逆矩阵.

2. 用矩阵的初等变换求解下列矩阵方程.

(1) 设 $\boldsymbol{A} = \begin{pmatrix} 4 & 1 & -2 \\ 2 & 2 & 1 \\ 3 & 1 & -1 \end{pmatrix}$, $\boldsymbol{B} = \begin{pmatrix} 1 & -3 \\ 2 & 2 \\ 3 & -1 \end{pmatrix}$, 求 $\boldsymbol{X}$ 使 $\boldsymbol{AX} = \boldsymbol{B}$.

(2) 设 $\boldsymbol{A}=\begin{pmatrix} 0 & 2 & 1 \\ 2 & -1 & 3 \\ -3 & 3 & -4 \end{pmatrix}$, $\boldsymbol{B}=\begin{pmatrix} 1 & 2 & 3 \\ 2 & -3 & 1 \end{pmatrix}$, 求 $\boldsymbol{X}$ 使 $\boldsymbol{XA}=\boldsymbol{B}$.

3. 已知 $\boldsymbol{X}=\boldsymbol{AX}+\boldsymbol{B}$, 其中 $\boldsymbol{A}=\begin{pmatrix} 0 & 1 & 0 \\ -1 & 1 & 1 \\ -1 & 0 & -1 \end{pmatrix}$, $\boldsymbol{B}=\begin{pmatrix} 1 & -1 \\ 2 & 0 \\ 5 & -3 \end{pmatrix}$, 求矩阵 $\boldsymbol{X}$.

四、证明题.

设 $\boldsymbol{A}$ 是四阶可逆方阵, 将 $\boldsymbol{A}$ 的第二行和第三行对换得到的矩阵记为 $\boldsymbol{B}$.

(1) 证明 $\boldsymbol{B}$ 可逆;　　(2) 求 $\boldsymbol{AB}^{-1}$.

3.4.6　矩阵的秩

一、填空题.

1. $\boldsymbol{A}=\begin{pmatrix}1&-1&1&2\\2&3&3&2\\1&1&2&1\end{pmatrix}$, 则 $R(\boldsymbol{A})=$__________.

2. 设矩阵 $\boldsymbol{A}=\begin{pmatrix}a_1b_1&a_1b_2&a_1b_3\\a_2b_1&a_2b_2&a_2b_3\\a_3b_1&a_3b_2&a_3b_3\end{pmatrix}$, 其中 $a_ib_i\neq 0(i=1,2,3)$, 则 $R(\boldsymbol{A})=$__________.

3. 若 $\boldsymbol{A}$ 是 n 阶可逆矩阵, $\boldsymbol{B}$ 是 m 阶可逆矩阵, $\boldsymbol{C}=\begin{pmatrix}\boldsymbol{A}&\boldsymbol{O}\\\boldsymbol{O}&\boldsymbol{B}\end{pmatrix}$, 则 $R(\boldsymbol{C})=$__________.

4. 设 $m\times n$ 矩阵 $\boldsymbol{A}$, 且 $R(\boldsymbol{A})=r$, D 为 $\boldsymbol{A}$ 的一个 $r+1$ 阶子式, 则 $D=$__________.

二、选择题.

1. $\boldsymbol{A},\boldsymbol{B}$ 均为 n 阶方阵, $\boldsymbol{A}\neq\boldsymbol{O}$, 且 $\boldsymbol{AB}=\boldsymbol{O}$, 则 $\boldsymbol{B}$ 的秩(　　).

A. 等于 0　　B. 小于 n　　C. 等于 n　　D. 等于 $n-1$

2. 设 $\boldsymbol{A}$ 为 3×4 矩阵, 若矩阵 $\boldsymbol{A}$ 的秩为 2, 则矩阵 $3\boldsymbol{A}^{\mathrm{T}}$ 的秩等于(　　).

A. 1　　B. 2　　C. 3　　D. 4

3. 设矩阵 $\boldsymbol{A}=\begin{pmatrix}1&1&1\\1&2&1\\2&3&\lambda+1\end{pmatrix}$ 的秩为 2, 则 $\lambda=$(　　).

A. 2　　B. 1　　C. 0　　D. -1

三、解答题.

1. 设矩阵 $\boldsymbol{A}=\begin{pmatrix}1&2&a&1\\2&-3&1&0\\4&1&a&b\end{pmatrix}$ 的秩为 2, 求 a,b.

2. 求下列矩阵的秩, 并求一个最高阶非零子式.

(1) $\begin{pmatrix} 3 & 1 & 0 & 2 \\ 1 & -1 & 2 & -1 \\ 1 & 3 & -4 & 4 \end{pmatrix}$;

(2) $\begin{pmatrix} 2 & 1 & 8 & 3 & 7 \\ 2 & -3 & 0 & 7 & -5 \\ 3 & -2 & 5 & 8 & 0 \\ 1 & 0 & 3 & 2 & 0 \end{pmatrix}$.

3. 设 $\boldsymbol{A}=\begin{pmatrix} 1 & 2 & -2 \\ 4 & a & 1 \\ 3 & -1 & 1 \end{pmatrix}$, $\boldsymbol{B}$ 为三阶非零矩阵, 且 $\boldsymbol{AB}=\boldsymbol{O}$, 求 a 的值.

3.5 A组总复习题3

一、填空题.

1. 设$A=\begin{pmatrix}1&0&0\\2&2&0\\3&3&3\end{pmatrix}$的伴随矩阵为$A^*$, 则$(A^*)^{-1}=$__________.

2. 设三阶方阵A的秩为 2, 矩阵$P=\begin{pmatrix}0&1&0\\1&0&0\\0&0&1\end{pmatrix}$, $Q=\begin{pmatrix}1&0&0\\0&1&0\\1&0&1\end{pmatrix}$, 若矩阵$B=PAQ$, 则$R(B)=$__________.

3. $\begin{pmatrix}1&2&3\\2&4&6\\3&6&9\end{pmatrix}\begin{pmatrix}-1&-2&-4\\-1&-2&-4\\1&2&4\end{pmatrix}=$__________.

4. 已知$A=\begin{pmatrix}1&0&1\\0&2&0\\0&0&1\end{pmatrix}$, 则$(A+3E)^{-1}(A^2-9E)=$__________.

5. 设A,B是三阶方阵, $|A|=-1,|B|=2$, 则$\left|2(A^{\mathrm{T}}B^{-1})^2\right|$__________.

二、选择题.

1. 设A^*,A^{-1}分别为n阶方阵A的伴随矩阵和逆矩阵, 则$\left|A^*A^{-1}\right|=($ $)$.

A. $|A|^n$ B. $|A|^{n-1}$ C. $|A|^{n-2}$ D. $|A|^{n-3}$

2. 设A是三阶方阵, 且$|A|=-2$,, 则$\left|A^{-1}\right|=($ $)$.

A. -2 B. $-\dfrac{1}{2}$ C. $\dfrac{1}{2}$ D. 2

3. 设n阶方阵A, 且$|A|\neq 0$, 则$(A^*)^{-1}=($ $)$.

A. $\dfrac{A}{|A|}$ B. $\dfrac{A^*}{|A|}$ C. $\dfrac{A^{-1}}{|A|}$ D. $\dfrac{A}{|A^*|}$

4. 设A,B均为n阶可逆矩阵, 则下列各式中不正确的是( ).

A. $(A+B)^{\mathrm{T}}=A^{\mathrm{T}}+B^{\mathrm{T}}$ B. $(A+B)^{-1}=A^{-1}+B^{-1}$

C. $(AB)^{-1}=B^{-1}A^{-1}$ D. $(AB)^{\mathrm{T}}=B^{\mathrm{T}}A^{\mathrm{T}}$

5. 设n阶方阵A,B,C满足$ABC=E$, 则必有( ).

A. $ACB=E$ B. $CBA=E$

C. $BAC=E$ D. $BCA=E$

三、计算题.

1. 求解矩阵方程$\begin{pmatrix} 1 & -3 & 2 \\ -3 & 0 & 1 \\ 1 & 1 & -1 \end{pmatrix}\boldsymbol{X}=\begin{pmatrix} -1 & 4 \\ 2 & 5 \\ 1 & -3 \end{pmatrix}$.

2. 设四阶矩阵$\boldsymbol{B}=\begin{pmatrix} 1 & -1 & 0 & 0 \\ 0 & 1 & -1 & 0 \\ 0 & 0 & 1 & -1 \\ 0 & 0 & 0 & 1 \end{pmatrix}$, $\boldsymbol{C}=\begin{pmatrix} 2 & 1 & 3 & 4 \\ 0 & 2 & 1 & 3 \\ 0 & 0 & 2 & 1 \\ 0 & 0 & 0 & 2 \end{pmatrix}$，且矩阵$\boldsymbol{X}$满足关系式$\boldsymbol{X}(\boldsymbol{E}-\boldsymbol{C}^{-1}\boldsymbol{B})^{\mathrm{T}}\boldsymbol{C}^{\mathrm{T}}=\boldsymbol{E}$,求矩阵$\boldsymbol{X}$.

3. 设$f(x)=x^3-3x^2+3x-1$，$\boldsymbol{A}=\begin{pmatrix} 1 & 1 & 0 \\ 0 & 1 & 1 \\ 0 & 0 & 1 \end{pmatrix}$，求$f(\boldsymbol{A})$.

4. 求矩阵$\begin{pmatrix} 1 & 2 & 0 & 0 & 1 \\ 0 & 6 & 2 & 4 & 10 \\ 1 & 11 & 3 & 6 & 16 \\ 1 & -19 & -7 & -14 & -34 \end{pmatrix}$的秩.

5. 设$\boldsymbol{A}=\begin{pmatrix} 1 & 0 & -1 & 1 & 0 \\ -1 & 0 & 1 & 0 & 1 \\ 0 & 0 & 0 & 2 & 0 \\ 0 & 0 & 0 & 0 & 2 \end{pmatrix}$，$\boldsymbol{B}=\begin{pmatrix} 1 & 2 & 0 & 1 \\ 2 & 0 & 1 & -1 \\ 0 & 1 & -1 & 2 \\ 0 & 0 & 1 & 0 \\ 0 & 0 & 0 & 1 \end{pmatrix}$，选择适当的分块方法计算$\boldsymbol{AB}$.

四、证明题.

1. 设$\boldsymbol{A}$是n阶方阵，证明$|\boldsymbol{A}^*|=|\boldsymbol{A}|^{n-1}$.

2. 设$\boldsymbol{A}$是n阶方阵，若存在n阶方阵$\boldsymbol{B}\neq\boldsymbol{O}$,使$\boldsymbol{AB}=\boldsymbol{O}$,证明$R(\boldsymbol{A})<n$.

3. 设$\boldsymbol{A}$为$r\times r$矩阵，$\boldsymbol{B}$为$r\times n$矩阵，且$R(\boldsymbol{B})=r$,证明：如果$\boldsymbol{AB}=\boldsymbol{O}$，则$\boldsymbol{A}=\boldsymbol{O}$.

4. 设$\boldsymbol{A},\boldsymbol{B}$均为$n$阶方阵，且$\boldsymbol{A}^2=\boldsymbol{A},\boldsymbol{B}^2=\boldsymbol{B}$，证明$(\boldsymbol{A}+\boldsymbol{B})^2=\boldsymbol{A}+\boldsymbol{B}$的充分必要条件是$\boldsymbol{AB}=\boldsymbol{BA}=\boldsymbol{O}$.

5. 设$\boldsymbol{B}$是$n(n\geqslant 2)$阶方阵，且$\boldsymbol{B}$的元素全都是1，$\boldsymbol{E}$是n阶单位矩阵. 证明:

$$(\boldsymbol{E}-\boldsymbol{B})^{-1}=\boldsymbol{E}-\frac{1}{n-1}\boldsymbol{B}.$$

3.6　B组总复习题3

一、计算题.

1. 已知 $\boldsymbol{AP}=\boldsymbol{PB}$, 其中 $\boldsymbol{B}=\begin{pmatrix}1&0&0\\0&0&0\\0&0&-1\end{pmatrix}$, $\boldsymbol{P}=\begin{pmatrix}1&0&0\\2&-1&0\\2&1&1\end{pmatrix}$, 求 $\boldsymbol{A}^{10}$.

2. 已知 $\boldsymbol{\alpha}=(1,2,3)$, $\boldsymbol{\beta}=\left(1,\dfrac{1}{2},\dfrac{1}{3}\right)$, 设 $\boldsymbol{A}=\boldsymbol{\alpha}^{\mathrm{T}}\boldsymbol{\beta}$, 求 $\boldsymbol{A}^n$.

3. 设 $\boldsymbol{A}=\begin{pmatrix}1&0&1\\0&2&0\\1&0&1\end{pmatrix}$, n 为大于等于 2 的正整数, 求 $\boldsymbol{A}^n-2\boldsymbol{A}^{n-1}$.

4. 设行矩阵 $\boldsymbol{A}=(a_1,a_2,a_3)$, $\boldsymbol{B}=(b_1,b_2,b_3)$, 且 $\boldsymbol{A}^{\mathrm{T}}\boldsymbol{B}=\begin{pmatrix}1&2&1\\-1&-2&-1\\1&2&1\end{pmatrix}$, 求 $\boldsymbol{AB}^{\mathrm{T}}$.

5. 设 $\boldsymbol{A}$ 为 n 阶方阵, 且 $|\boldsymbol{A}|=a\neq 0$, $\boldsymbol{A}^*$ 是 $\boldsymbol{A}$ 的伴随矩阵, 求 $|\boldsymbol{A}^*|$.

6. 设 $\boldsymbol{A}=\begin{pmatrix}1&0\\1&2\end{pmatrix}$, 求多项式 $f(x)$, 使得 $f(\boldsymbol{A})=\boldsymbol{A}^*$.

7. 设 $\boldsymbol{A},\boldsymbol{B},\boldsymbol{A}+\boldsymbol{B},\boldsymbol{A}^{-1}+\boldsymbol{B}^{-1}$ 均为 n 阶可逆矩阵, 求 $(\boldsymbol{A}^{-1}+\boldsymbol{B}^{-1})^{-1}$.

8. 设 n 维向量 $\boldsymbol{\alpha}=(a,0,0,\cdots,a)^{\mathrm{T}}$, $a<0$, $\boldsymbol{A}=\boldsymbol{E}-\boldsymbol{\alpha}\boldsymbol{\alpha}^{\mathrm{T}}$, $\boldsymbol{B}=\boldsymbol{E}+\dfrac{1}{a}\boldsymbol{\alpha}\boldsymbol{\alpha}^{\mathrm{T}}$, 其中 $\boldsymbol{A}$ 的逆矩阵是 $\boldsymbol{B}$, 求 a.

9. 设矩阵 $\boldsymbol{A}$ 的伴随矩阵 $\boldsymbol{A}^*=\begin{pmatrix}1&0&0&0\\0&1&0&0\\1&0&1&0\\0&0&-3&8\end{pmatrix}$, 且 $\boldsymbol{ABA}^{-1}=\boldsymbol{BA}^{-1}+3\boldsymbol{E}$, 求 $\boldsymbol{B}$.

10. 设 $\boldsymbol{A}$ 为三阶矩阵, $|\boldsymbol{A}|=\dfrac{1}{2}$, 求 $|(2\boldsymbol{A})^{-1}-5\boldsymbol{A}^*|$.

11. 设 $\boldsymbol{A}=\begin{pmatrix}5&1&3\\a&0&3\\-2&1&-2\end{pmatrix}$, $\boldsymbol{B}$ 为三阶非零矩阵, 且 $\boldsymbol{AB}=\boldsymbol{O}$, 求 a.

12. 设 $\boldsymbol{C}$ 是 n 阶可逆矩阵, $\boldsymbol{D}$ 是 $3\times n$ 矩阵, 且 $\boldsymbol{D}=\begin{pmatrix}1&2&\cdots&n\\0&0&\cdots&0\\0&0&\cdots&0\end{pmatrix}$, 试用分块矩阵的乘法, 求一个 $n\times(n+3)$ 矩阵 $\boldsymbol{A}$, 使得 $\boldsymbol{A}\begin{pmatrix}\boldsymbol{C}\\\boldsymbol{D}\end{pmatrix}=\boldsymbol{E}_n$.

13. 设n阶矩阵$\boldsymbol{A}$及s阶矩阵$\boldsymbol{B}$都可逆, 求$\begin{pmatrix} \boldsymbol{A} & \boldsymbol{O} \\ \boldsymbol{B} & \boldsymbol{C} \end{pmatrix}^{-1}$.

14. 设$\boldsymbol{A}=\begin{pmatrix} 4 & 0 \\ 5 & 3 \end{pmatrix}$, 将$\boldsymbol{A}$表示成3个初等矩阵的乘积.

15. 设三阶矩阵$\boldsymbol{A}=\begin{pmatrix} a & b & b \\ b & a & b \\ b & b & a \end{pmatrix}$, 已知伴随矩阵$\boldsymbol{A}^*$的秩为1, 求$a, b$满足的条件.

16. 确定参数λ, 使矩阵$\begin{pmatrix} 1 & 1 & \lambda^2 & -2 \\ 1 & -2 & \lambda & 1 \\ -2 & 1 & -2 & \lambda \end{pmatrix}$的秩最小.

二、证明题.

1. 设$\boldsymbol{A}$为n阶非零方阵, $\boldsymbol{A}^*$是$\boldsymbol{A}$的伴随矩阵, 若$\boldsymbol{A}^*=\boldsymbol{A}^{\mathrm{T}}$, 证明$|\boldsymbol{A}|\neq 0$.

2. 设$\boldsymbol{A}$是实对称矩阵, 且$\boldsymbol{A}^2=\boldsymbol{O}$, 证明: $\boldsymbol{A}=\boldsymbol{O}$.

3. 证明: 对任何的二阶方阵$\boldsymbol{A}$, 存在多项式$f(\lambda)=a\lambda+b$, 使$f(\boldsymbol{A})=\boldsymbol{A}^*$.

4. 设$\boldsymbol{A}, \boldsymbol{B}$是实对称矩阵, $\boldsymbol{C}$为实反对称矩阵, 且$\boldsymbol{A}^2+\boldsymbol{B}^2+\boldsymbol{C}^2=\boldsymbol{O}$, 证明: $\boldsymbol{A}=\boldsymbol{B}=\boldsymbol{C}=\boldsymbol{O}$.

5. 若$\boldsymbol{A},\boldsymbol{B}$均为$n$阶方阵, 下列命题是否成立? 若成立, 给出证明; 若不成立, 举例说明.

(1) 若$\boldsymbol{A},\boldsymbol{B}$都可逆, 则$\boldsymbol{A}+\boldsymbol{B}$也可逆;

(2) 若$\boldsymbol{AB}$可逆, 则$\boldsymbol{A},\boldsymbol{B}$都可逆.

6. 若方阵$\boldsymbol{A}$满足$\boldsymbol{A}^2-\boldsymbol{A}-2\boldsymbol{E}=\boldsymbol{O}$, 证明$\boldsymbol{A}$及$\boldsymbol{A}+2\boldsymbol{E}$都可逆, 并求$\boldsymbol{A}^{-1}$及$(\boldsymbol{A}+2\boldsymbol{E})^{-1}$.

7. 设$\boldsymbol{A}=\boldsymbol{E}-\boldsymbol{\xi}\boldsymbol{\xi}^{\mathrm{T}}$,其中$\boldsymbol{E}$是$n$阶单位矩阵, $\boldsymbol{\xi}$是$n\times 1$非零列矩阵, 证明:

(1) $\boldsymbol{A}^2=\boldsymbol{A}$的充要条件是$\boldsymbol{\xi}^{\mathrm{T}}\boldsymbol{\xi}=1$;

(2) 当$\boldsymbol{\xi}^{\mathrm{T}}\boldsymbol{\xi}=1$时, $\boldsymbol{A}$是不可逆矩阵.

8. 设$\boldsymbol{A}$是n阶可逆矩阵, $\boldsymbol{a}$为$n\times 1$的列矩阵, b为常数, 记分块矩阵

$$\boldsymbol{P}=\begin{pmatrix} \boldsymbol{E} & \boldsymbol{O} \\ -\boldsymbol{a}^{\mathrm{T}}\boldsymbol{A}^* & |\boldsymbol{A}| \end{pmatrix}, \quad \boldsymbol{Q}=\begin{pmatrix} \boldsymbol{A} & \boldsymbol{a} \\ \boldsymbol{a}^{\mathrm{T}} & b \end{pmatrix}.$$

(1) 计算并化简$\boldsymbol{PQ}$;

(2) 证明: 矩阵$\boldsymbol{Q}$可逆的充分必要条件是$\boldsymbol{a}^{\mathrm{T}}\boldsymbol{A}^{-1}\boldsymbol{a}\neq b$.

9. 设$\boldsymbol{A}, \boldsymbol{B}, \boldsymbol{C}, \boldsymbol{D}$均为$n$阶方阵, $|\boldsymbol{A}|\neq 0$且$\boldsymbol{AB}^{\mathrm{T}}=\boldsymbol{BA}^{\mathrm{T}}$, 证明: $\begin{vmatrix} \boldsymbol{A} & \boldsymbol{B} \\ \boldsymbol{C} & \boldsymbol{D} \end{vmatrix}=|\boldsymbol{AD}^{\mathrm{T}}-\boldsymbol{BC}^{\mathrm{T}}|$.

10. 设$\boldsymbol{A}, \boldsymbol{B}, \boldsymbol{C}, \boldsymbol{D}$均为$n$阶方阵, $|\boldsymbol{A}|\neq 0$, $\boldsymbol{AC}=\boldsymbol{CA}$, 证明:

$$\begin{vmatrix} \boldsymbol{A} & \boldsymbol{B} \\ \boldsymbol{C} & \boldsymbol{D} \end{vmatrix}=|\boldsymbol{AD}-\boldsymbol{CB}|.$$

11. 设$\boldsymbol{A}$是n阶可逆矩阵, $\boldsymbol{X}, \boldsymbol{Y}$为$n\times 1$矩阵, 证明$\begin{vmatrix} \boldsymbol{A} & \boldsymbol{Y} \\ \boldsymbol{X}^{\mathrm{T}} & \boldsymbol{O} \end{vmatrix}=-\boldsymbol{X}^{\mathrm{T}}\boldsymbol{A}^*\boldsymbol{Y}$.

12. 设 $\boldsymbol{A}, \boldsymbol{B}$ 分别为 $n\times m, m\times n(n\geqslant m)$ 矩阵，$\lambda\neq 0$．证明：

$$|\lambda\boldsymbol{E}_n-\boldsymbol{A}\boldsymbol{B}|=\lambda^{n-m}|\lambda\boldsymbol{E}_m-\boldsymbol{B}\boldsymbol{A}|.$$

13. 设 $\boldsymbol{A}$ 是 n 阶可逆矩阵，$\boldsymbol{\alpha},\boldsymbol{\beta}$ 均为 $n\times 1$ 矩阵，且 $1+\boldsymbol{\beta}^{\mathrm{T}}\boldsymbol{A}^{-1}\boldsymbol{\alpha}\neq 0$．证明：

(1) 矩阵 $\boldsymbol{P}=\begin{pmatrix}\boldsymbol{A} & \boldsymbol{\alpha}\\ -\boldsymbol{\beta}^{\mathrm{T}} & 1\end{pmatrix}$ 可逆，并求其逆矩阵；

(2) 矩阵 $\boldsymbol{Q}=\boldsymbol{A}+\boldsymbol{\alpha}\boldsymbol{\beta}^{\mathrm{T}}$ 可逆，并求其逆矩阵.

14. 设 $\boldsymbol{A}, \boldsymbol{B}, \boldsymbol{C}$ 都是 n 阶矩阵，$\boldsymbol{Q}=\begin{pmatrix}\boldsymbol{A} & \boldsymbol{A}\\ \boldsymbol{C}-\boldsymbol{B} & \boldsymbol{C}\end{pmatrix}$，证明：

(1) $\boldsymbol{Q}$ 可逆的充要条件是 $\boldsymbol{A}\boldsymbol{B}$ 可逆；

(2) 若 $\boldsymbol{Q}$ 可逆，求出其逆矩阵.

15. 证明 $R(\boldsymbol{A})=1$ 的充分必要条件是存在非零列向量 $\boldsymbol{a}$ 及非零行向量 $\boldsymbol{b}^{\mathrm{T}}$，使 $\boldsymbol{A}=\boldsymbol{a}\boldsymbol{b}^{\mathrm{T}}$.

16. 证明：$R(\boldsymbol{A}^*)=\begin{cases}n, & R(\boldsymbol{A})=n,\\ 1, & R(\boldsymbol{A})=n-1,\\ 0, & R(\boldsymbol{A})<n-1.\end{cases}$

17. 设 $\boldsymbol{A}$ 是 $m\times n$ 矩阵，证明：$R(\boldsymbol{A})=1$ 的充要条件是存在 $1\times m$ 非零矩阵 $\boldsymbol{\alpha}$ 与 $n\times 1$ 非零矩阵 $\boldsymbol{\beta}$，使得 $\boldsymbol{A}=\boldsymbol{\alpha}^{\mathrm{T}}\boldsymbol{\beta}$.

18. 设 $\boldsymbol{A}$ 为二阶方阵，证明：如果 $\boldsymbol{A}^k=\boldsymbol{O}$，则 $\boldsymbol{A}^2=\boldsymbol{O}$.

19. 设 $\boldsymbol{A}$ 是 $m\times r$ 矩阵，证明：

(1) $\boldsymbol{A}$ 为列满秩矩阵的充要条件是存在 m 阶可逆矩阵 $\boldsymbol{P}$，使得 $\boldsymbol{A}=\boldsymbol{P}\begin{pmatrix}\boldsymbol{E}_r\\ \boldsymbol{O}\end{pmatrix}$；

(2) $\boldsymbol{A}$ 为列满秩矩阵的充要条件是存在 $r\times m$ 行满秩矩阵 $\boldsymbol{B}$，使得 $\boldsymbol{B}\boldsymbol{A}=\boldsymbol{E}_r$.

第 4 章　线性方程组

4.1　知识点小结

4.1.1　线性方程组的解

1. 线性方程组的解的判定

(1) 非齐次线性方程组 $\boldsymbol{A}_{m\times n}\boldsymbol{x}=\boldsymbol{b}$.

$\boldsymbol{A}_{m\times n}\boldsymbol{x}=\boldsymbol{b}$ 无解 $\Leftrightarrow R(\boldsymbol{A})\neq R(\boldsymbol{A},\boldsymbol{b})$,

$\boldsymbol{A}_{m\times n}\boldsymbol{x}=\boldsymbol{b}$ 有解 $\Leftrightarrow R(\boldsymbol{A})=R(\boldsymbol{A},\boldsymbol{b})$, 且

$$\boldsymbol{A}_{m\times n}\boldsymbol{x}=\boldsymbol{b}\text{ 有唯一解}\Leftrightarrow R(\boldsymbol{A})=R(\boldsymbol{A},\boldsymbol{b})=n,$$

$$\boldsymbol{A}_{m\times n}\boldsymbol{x}=\boldsymbol{b}\text{ 有无穷解}\Leftrightarrow R(\boldsymbol{A})=R(\boldsymbol{A},\boldsymbol{b})<n.$$

(2) 齐次线性方程组 $\boldsymbol{A}_{m\times n}\boldsymbol{x}=\boldsymbol{0}$.

$$\boldsymbol{A}_{m\times n}\boldsymbol{x}=\boldsymbol{0}\text{ 仅有零解}\Leftrightarrow R(\boldsymbol{A})=n,$$

$$\boldsymbol{A}_{m\times n}\boldsymbol{x}=\boldsymbol{0}\text{ 有非零解}\Leftrightarrow R(\boldsymbol{A})<n.$$

2. 求解线性方程组的一般步骤

(1) 对非齐次线性方程组 $\boldsymbol{A}_{m\times n}\boldsymbol{x}=\boldsymbol{b}$, 先将其增广矩阵 $(\boldsymbol{A},\boldsymbol{b})$ 施行初等行变换化为行阶梯形矩阵, 判断其是否有解, 若有解, 继续施行初等行变换化为行最简形矩阵, 然后对应地写出与原方程组同解的方程组, 便可得出其解. 要注意的是, 当 $R(\boldsymbol{A})=R(\boldsymbol{A},\boldsymbol{b})=r<n$ 时, $(\boldsymbol{A},\boldsymbol{b})$ 的行阶梯形矩阵中含有 r 个非零行, 对应 r 个方程, 有 $n-r$ 个自由未知量, 通常把这 r 行的非零首元所对应的未知量作为非自由未知量, 其余 $n-r$ 个未知量作为自由未知量.

(2) 对齐次线性方程组 $\boldsymbol{A}_{m\times n}\boldsymbol{x}=\boldsymbol{0}$, 先对系数矩阵施行初等行变换化为行阶梯形矩阵, 判断其解的情况. 若有非零解, 继续施行初等行变换化为行最简形矩阵, 便可直接写出其通解.

4.1.2　向量组及其线性组合

1. 相关的概念

***n* 维向量**　n 个数 $a_1,a_2,\cdots,a_n$ 所组成的有序数组称为 n 维向量, 这 n 个数称为该向量的分量, 第 i 个数 a_i 称为第 i 个分量.

向量组　若干个同维数的列向量(行向量)所组成的集合.

线性组合　给定向量组 $A:\boldsymbol{\alpha}_1,\boldsymbol{\alpha}_2,\cdots,\boldsymbol{\alpha}_n$, 对于任何一组实数 $k_1,k_2,\cdots,k_n$, 表达式

$$k_1\boldsymbol{\alpha}_1 + k_2\boldsymbol{\alpha}_2 + \cdots + k_n\boldsymbol{\alpha}_n$$

称为向量组 A 的一个线性组合，$k_1, k_2, \cdots, k_n$ 称为这个线性组合的系数.

线性表示　给定向量组 $A:\boldsymbol{\alpha}_1,\boldsymbol{\alpha}_2,\cdots,\boldsymbol{\alpha}_n$ 和向量 $\boldsymbol{\beta}$，若存在一组数 $k_1,k_2,\cdots,k_n$ 使

$$\boldsymbol{\beta} = k_1\boldsymbol{\alpha}_1 + k_2\boldsymbol{\alpha}_2 + \cdots + k_n\boldsymbol{\alpha}_n,$$

则称向量 $\boldsymbol{\beta}$ 是向量组 A 的线性组合，又称向量 $\boldsymbol{\beta}$ 能由向量组 A **线性表示或线性表出**.

若向量组 B 中的每个向量都能由向量组 A 线性表示，则称向量组 B 能由向量组 A 线性表示.

向量组等价　若向量组 A 与向量组 B 能互相线性表示，则称这两个**向量组等价**.

2. 线性表示的判别定理

(1)　　向量 $\boldsymbol{\beta}$ 能由向量组 $A:\boldsymbol{\alpha}_1,\boldsymbol{\alpha}_2,\cdots,\boldsymbol{\alpha}_n$ 线性表示

$\Leftrightarrow$ 存在一组数 $k_1,k_2,\cdots,k_n$，使得 $\boldsymbol{\beta} = k_1\boldsymbol{\alpha}_1 + k_2\boldsymbol{\alpha}_2 + \cdots + k_n\boldsymbol{\alpha}_n$

$\Leftrightarrow$ 线性方程组 $x_1\boldsymbol{\alpha}_1 + x_2\boldsymbol{\alpha}_2 + \cdots + x_n\boldsymbol{\alpha}_n = \boldsymbol{\beta}$ 有解

$\Leftrightarrow$ $R(A) = R(A, \boldsymbol{\beta})$.

(2)　　向量组 $B:\boldsymbol{b}_1,\boldsymbol{b}_2,\cdots,\boldsymbol{b}_l$ 能由向量组 $A:\boldsymbol{\alpha}_1,\boldsymbol{\alpha}_2,\cdots,\boldsymbol{\alpha}_m$ 线性表示

$\Leftrightarrow$ 向量组 B 的每个向量都能由向量组 A 线性表示，即 $\forall \boldsymbol{b}_j \in B(j=1,2,\cdots,l)$，$\exists k_{1j},k_{2j},\cdots,k_{mj}$ 使

$$\boldsymbol{b}_j = k_{1j}\boldsymbol{\alpha}_1 + k_{2j}\boldsymbol{\alpha}_2 + \cdots + k_{mj}\boldsymbol{\alpha}_m = (\boldsymbol{\alpha}_1,\ \boldsymbol{\alpha}_2,\cdots,\boldsymbol{\alpha}_m)\begin{pmatrix} k_{1j} \\ k_{2j} \\ \vdots \\ k_{mj} \end{pmatrix}$$

$$\Leftrightarrow (\boldsymbol{b}_1,\boldsymbol{b}_2,\cdots,\boldsymbol{b}_l) = (\boldsymbol{\alpha}_1,\boldsymbol{\alpha}_2,\cdots,\boldsymbol{\alpha}_m)\begin{pmatrix} k_{11} & k_{12} & \cdots & k_{1l} \\ k_{21} & k_{22} & \cdots & k_{2l} \\ \vdots & \vdots & & \vdots \\ k_{m1} & k_{m2} & \cdots & k_{ml} \end{pmatrix}$$

$\Leftrightarrow$存在矩阵 $\boldsymbol{K}$，使 $\boldsymbol{B} = \boldsymbol{AK}$，其中 $\boldsymbol{B} = (\boldsymbol{b}_1,\boldsymbol{b}_2,\cdots,\boldsymbol{b}_l), \boldsymbol{A} = (\boldsymbol{\alpha}_1,\boldsymbol{\alpha}_2,\cdots,\boldsymbol{\alpha}_m)$

$\Leftrightarrow$矩阵方程 $\boldsymbol{AX} = \boldsymbol{B}$ 有解

$\Leftrightarrow R(\boldsymbol{A}) = R(\boldsymbol{A}, \boldsymbol{B})$

$\Rightarrow R(\boldsymbol{B}) \leqslant R(\boldsymbol{A})$　(必要条件).

注: (1) 两个向量组等价$\Leftrightarrow R(\boldsymbol{A}) = R(\boldsymbol{B}) = R(\boldsymbol{A}, \boldsymbol{B})$.

(2) 若 $\boldsymbol{C}_{m\times n} = \boldsymbol{A}_{m\times l}\boldsymbol{B}_{l\times n}$，则矩阵 $\boldsymbol{C}$ 的列向量组能由矩阵 $\boldsymbol{A}$ 的列向量组线性表示，$\boldsymbol{B}$ 为这一表示的系数矩阵；同时，由于 $\boldsymbol{C}^{\mathrm{T}} = \boldsymbol{B}^{\mathrm{T}}\boldsymbol{A}^{\mathrm{T}}$，故矩阵 $\boldsymbol{C}^{\mathrm{T}}$ 的列向量组能由矩阵 $\boldsymbol{B}^{\mathrm{T}}$ 的列向量组线性表示，即 $\boldsymbol{A}^{\mathrm{T}}$ 为这一表示的系数矩阵，即 $\boldsymbol{C}$ 的行向量组能由 $\boldsymbol{B}$ 的行向量组线性表示.

4.1.3　向量组的线性相关性

1. 线性相关的定义

设有向量组 $A:\boldsymbol{\alpha}_1,\boldsymbol{\alpha}_2,\cdots,\boldsymbol{\alpha}_n$，如果存在不全为零的数 $k_1,k_2,\cdots,k_n$，使

$$k_1\boldsymbol{\alpha}_1+k_2\boldsymbol{\alpha}_2+\cdots+k_n\boldsymbol{\alpha}_n=\mathbf{0}$$

成立, 则称向量组 $A:\boldsymbol{\alpha}_1,\boldsymbol{\alpha}_2,\cdots,\boldsymbol{\alpha}_n$ **线性相关**, 否则称它**线性无关**.

注: 当且仅当 $k_1=k_2=\cdots=k_n=0$ 时, 关系式

$$k_1\boldsymbol{\alpha}_1+k_2\boldsymbol{\alpha}_2+\cdots+k_n\boldsymbol{\alpha}_n=\mathbf{0}$$

成立, 则称向量组 $A:\boldsymbol{\alpha}_1,\boldsymbol{\alpha}_2,\cdots,\boldsymbol{\alpha}_n$ 线性无关.

注: (1) 向量组只含有一个向量 $\boldsymbol{\alpha}$ 时, 则

(i) $\boldsymbol{\alpha}$ 线性无关的充分必要条件是 $\boldsymbol{\alpha}\neq\mathbf{0}$;

(ii) $\boldsymbol{\alpha}$ 线性相关的充分必要条件是 $\boldsymbol{\alpha}=\mathbf{0}$.

(2) 仅含两个向量的向量组线性相关的充分必要条件是这两个向量的对应分量成比例; 仅含两个向量的向量组线性无关的充分必要条件是这两个向量的对应分量不成比例.

(3) 包含零向量的任何向量组是线性相关的.

2. 线性相关的判别定理

(1)　　向量组 $A:\boldsymbol{\alpha}_1,\boldsymbol{\alpha}_2,\cdots,\boldsymbol{\alpha}_m$ 线性相关

$\Leftrightarrow$ 有不全为零的数 $k_1,k_2,\cdots,k_m$ 使 $k_1\boldsymbol{\alpha}_1+k_2\boldsymbol{\alpha}_2+\cdots+k_m\boldsymbol{\alpha}_m=\mathbf{0}$

$\Leftrightarrow$ 齐次线性方程组 $\boldsymbol{\alpha}_1x_1+\boldsymbol{\alpha}_2x_2+\cdots+\boldsymbol{\alpha}_mx_m=\mathbf{0}$ 有非零解

$\Leftrightarrow$ $R(\boldsymbol{A})<m$，其中 $\boldsymbol{A}=(\boldsymbol{\alpha}_1,\boldsymbol{\alpha}_2,\cdots,\boldsymbol{\alpha}_m)$

$\Leftrightarrow$ 向量组 A 中至少有一个向量可由其余向量线性表示.

(2)　　向量组 $A:\boldsymbol{\alpha}_1,\boldsymbol{\alpha}_2,\cdots,\boldsymbol{\alpha}_m$ 线性无关

$\Leftrightarrow$ 如果 $k_1\boldsymbol{\alpha}_1+k_2\boldsymbol{\alpha}_2+\cdots+k_m\boldsymbol{\alpha}_m=\mathbf{0}$，则必有 $k_1=k_2=\cdots=k_m=0$

$\Leftrightarrow$ 齐次线性方程组 $\boldsymbol{\alpha}_1x_1+\boldsymbol{\alpha}_2x_2+\cdots+\boldsymbol{\alpha}_mx_m=\mathbf{0}$ 只有零解

$\Leftrightarrow$ $R(\boldsymbol{A})=m$，其中 $\boldsymbol{A}=(\boldsymbol{\alpha}_1,\boldsymbol{\alpha}_2,\cdots,\boldsymbol{\alpha}_m)$

$\Leftrightarrow$ 向量组 A 中任何向量都不可由其余向量线性表示.

3. 向量组线性相关性的几种判定方法

1) 定义法

这是判定向量组线性相关性的基本方法, 既适用于分量没有给出的抽象向量组, 也适用于分量给出的具体向量组.

2) 方程组法

方程组法就是将向量组的线性相关性问题转化为齐次线性方程组有无非零解的问题.

3) 矩阵(向量组)秩法

矩阵秩法就是将向量组构成矩阵, 利用矩阵的初等变换, 将矩阵化为阶梯形矩阵.

当矩阵的秩小于向量的个数时，向量组线性相关；当矩阵的秩等于向量的个数时，向量组线性无关.

注：向量个数 > 向量维数时，向量组必线性相关.

4) 行列式值法

若向量组 $A:\boldsymbol{\alpha}_1,\boldsymbol{\alpha}_2,\cdots,\boldsymbol{\alpha}_n$ 是由 n 个 n 维向量组成的向量组，即以向量组 $\boldsymbol{\alpha}_1,\boldsymbol{\alpha}_2,\cdots,\boldsymbol{\alpha}_n$ 为列向量所构成的矩阵 $\boldsymbol{A}=(\alpha_1,\alpha_2,\cdots,\alpha_m)$ 为 n 阶方阵，则

$$|\boldsymbol{A}|=0 \Leftrightarrow \text{向量组 } \boldsymbol{\alpha}_1,\boldsymbol{\alpha}_2,\cdots,\boldsymbol{\alpha}_n \text{ 线性相关;}$$
$$|\boldsymbol{A}|\neq 0 \Leftrightarrow \text{向量组 } \boldsymbol{\alpha}_1,\boldsymbol{\alpha}_2,\cdots,\boldsymbol{\alpha}_n \text{ 线性无关.}$$

5) 利用向量组线性相关的充要条件

向量组 $\boldsymbol{\alpha}_1,\boldsymbol{\alpha}_2,\cdots,\boldsymbol{\alpha}_n\ (n \geqslant 2)$线性相关的充要条件是向量组中至少有一个向量可由其余向量线性表示.

4. 关于线性相关的几个定理

(1) 如果向量组 $\boldsymbol{\alpha}_1,\boldsymbol{\alpha}_2,\cdots,\boldsymbol{\alpha}_m$ 线性无关，而 $\boldsymbol{\alpha}_1,\boldsymbol{\alpha}_2,\cdots,\boldsymbol{\alpha}_m,\boldsymbol{\beta}$ 线性相关，则 $\boldsymbol{\beta}$ 可由 $\boldsymbol{\alpha}_1,\boldsymbol{\alpha}_2,\cdots,\boldsymbol{\alpha}_m$ 线性表示，且表示法唯一.

(2) 部分相关，整体必相关；整体无关，部分必无关. (向量个数变动)

(3) 相关组减维仍相关；无关组增维仍无关. (向量维数变动)

(4) 设有两个向量组 $A:\boldsymbol{\alpha}_1,\boldsymbol{\alpha}_2,\cdots,\boldsymbol{\alpha}_s$；$B:\boldsymbol{\beta}_1,\boldsymbol{\beta}_2,\cdots,\boldsymbol{\beta}_t$，若向量组 A 线性无关，且向量组 A 能由向量组 B 线性表示，则 $s\leqslant t$.

注: (1) 向量组 A 能由向量组 B 线性表示，若 $s>t$，则向量组 A 线性相关.

(2) 若向量组 A 与向量组 B 等价，且向量组 A 与 B 都是线性无关的，则 $s=t$.

4.1.4 向量组的秩

1. 最大无关组

(1) 若在向量组 A 中能选出 r 个向量 $\boldsymbol{\alpha}_1,\boldsymbol{\alpha}_2,\cdots,\boldsymbol{\alpha}_r$，满足

(i) 向量组 $\boldsymbol{\alpha}_1,\boldsymbol{\alpha}_2,\cdots,\boldsymbol{\alpha}_r$ 线性无关;

(ii) 向量组 A 中任意 $r+1$ 个向量都线性相关(或向量组 A 中的任意向量都可由这 r 个向量线性表示)，则称 $\boldsymbol{\alpha}_1,\boldsymbol{\alpha}_2,\cdots,\boldsymbol{\alpha}_r$ 是向量组 A 的一个最大线性无关向量组(简称为最大无关组).

注: (1) 只含零向量的向量组没有最大无关组;

(2) 向量组的最大无关组可能不止一个;

(3) 向量组 A 与其最大无关组是等价的;

(4) 向量组的任意两个最大无关组等价，且所含向量个数是相同的.

2. 向量组的秩

1) 定义

向量组 $A:\boldsymbol{\alpha}_1,\boldsymbol{\alpha}_2,\cdots,\boldsymbol{\alpha}_s$ 的最大无关组所含向量的个数称为该向量组的**秩**，记为

$R(\boldsymbol{\alpha}_1,\boldsymbol{\alpha}_2,\cdots,\boldsymbol{\alpha}_s)$.

注: (1) 由零向量组成的向量组, 由于没有最大无关组, 所以规定其秩为 0;

(2) 线性无关的向量组 $\boldsymbol{\alpha}_1,\boldsymbol{\alpha}_2,\cdots,\boldsymbol{\alpha}_r$ 的最大无关组就是它本身 $\boldsymbol{\alpha}_1,\boldsymbol{\alpha}_2,\cdots,\boldsymbol{\alpha}_r$, 所以秩为 r;

(3) 若向量组 A 的秩为 r, 则向量组 A 中任意含有 r 个向量的线性无关的部分组都是 A 的一个最大无关组.

2) 向量组的秩与矩阵的秩的关系

(1) 矩阵的行向量组的秩 = 矩阵的列向量组的秩 = 矩阵的秩;

(2) 矩阵初等行(列)变换后保持列(行)向量组之间的线性关系;

(3) $R(\boldsymbol{A}+\boldsymbol{B})\leqslant R(\boldsymbol{A})+R(\boldsymbol{B})$, $R(\boldsymbol{AB})\leqslant \min\{R(\boldsymbol{A}),R(\boldsymbol{B})\}$.

3. 最大无关组的求法

根据向量组的秩与矩阵的秩的关系, 求一个列向量组的秩和最大无关组, 只需将这个向量组按**列向量**构成一个矩阵, 然后对其进行初等**行**变换, 化为行阶梯形矩阵即可求出矩阵的秩, 即为该列向量组的秩. 进一步化为行最简形矩阵, 很容易得出其一个最大无关组以及向量之间的线性关系.

4.1.5 线性方程组的解的结构

1. 齐次方程组解的结构

1) 齐次方程组解的性质

设 $\zeta_1,\zeta_2,\cdots,\zeta_r$ 都是齐次线性方程组 $\boldsymbol{Ax}=\boldsymbol{0}$ 的解, 则对于任意的常数 $k_1,k_2,\cdots,k_r$, $k_1\zeta_1+k_2\zeta_2+\cdots+k_r\zeta_r$ 也是齐次线性方程组 $\boldsymbol{Ax}=\boldsymbol{0}$ 的解.

2) 齐次方程组 $\boldsymbol{Ax}=\boldsymbol{0}$ 的基础解系

设 $\xi_1,\xi_2,\cdots,\xi_s$ 是齐次方程组 $\boldsymbol{Ax}=\boldsymbol{0}$ 的一组解. 如果它满足:

(i) $\xi_1,\xi_2,\cdots,\xi_s$ 线性无关;

(ii) $\boldsymbol{Ax}=\boldsymbol{0}$ 的任何一个解 ξ 均可由 $\xi_1,\xi_2,\cdots,\xi_s$ 线性表示, 则称 $\xi_1,\xi_2,\cdots,\xi_s$ 为该齐次方程组的基础解系.

注: (1) 若基础解系存在, 则基础解系即线性方程组 $\boldsymbol{Ax}=\boldsymbol{0}$ 的所有解向量的一个最大无关组. 齐次线性方程组的基础解系不唯一.

(2) 如果齐次方程组 $\boldsymbol{Ax}=\boldsymbol{0}$ 有非零解(即 $R(\boldsymbol{A})<n$), 则它有基础解系, 基础解系含 $n-R(\boldsymbol{A})$ 个线性无关的解; 齐次方程组 $\boldsymbol{Ax}=\boldsymbol{0}$ 的任意 $n-R(\boldsymbol{A})$ 个线性无关的解都构成该齐次方程组的基础解系.

(3) 如果齐次方程组 $\boldsymbol{Ax}=\boldsymbol{0}$ 仅有零解(即 $R(\boldsymbol{A})=n$), 则它没有基础解系.

3) 齐次方程组 $\boldsymbol{Ax}=\boldsymbol{0}$ 的基础解系的求法

(1) 对齐次线性方程组的系数矩阵 $\boldsymbol{A}$ 作初等行变换, 将它化为行最简形矩阵 $\boldsymbol{B}$;

(2) 写出以矩阵 $\boldsymbol{B}$ 为系数矩阵的同解齐次线性方程组, 一般将 r 个非零行的非零首元所对应的未知量作为非自由未知量, 其余 $n-r$ 个作为自由未知量;

(3) 对 $n-r$ 个自由未知量确定 $n-r$ 组值($n-r$ 组值需使它们构成的向量线性无关),

代入同解方程组得到齐次线性方程组的 $n-r$ 个线性无关的解向量，它就是齐次线性方程组的一个基础解系.

注：自由未知量的选取不唯一，所以可以得到不同的基础解系；此外，因为自由未知量可以任意取值，所以对应不同的取值，只要取值所得的 $n-r$ 个解向量线性无关，就能构成不同的基础解系. 因此，齐次线性方程组的基础解系不唯一.

4) 同解方程组

(1) 齐次方程组 $\boldsymbol{Ax}=\mathbf{0}$ 与 $\boldsymbol{Bx}=\mathbf{0}$ 同解

$\Leftrightarrow$ 齐次方程组 $\boldsymbol{Ax}=\mathbf{0}$, $\boldsymbol{Bx}=\mathbf{0}$ 及 $\begin{pmatrix}\boldsymbol{A}\\ \boldsymbol{B}\end{pmatrix}\boldsymbol{x}=\mathbf{0}$ 同解

$\Leftrightarrow$ 矩阵 $\boldsymbol{A}_{m\times n}$ 与 $\boldsymbol{B}_{l\times n}$ 的行向量组等价

$\Leftrightarrow$ $\boldsymbol{PA}=\boldsymbol{B}$ （左乘可逆矩阵 $\boldsymbol{P}$）

$\Leftrightarrow$ $R\begin{pmatrix}\boldsymbol{A}\\ \boldsymbol{B}\end{pmatrix}=R(\boldsymbol{A})=R(\boldsymbol{B})$；

(2) 方程组 $\boldsymbol{x}^{\mathrm{T}}\boldsymbol{A}=\mathbf{0}$ 与 $\boldsymbol{x}^{\mathrm{T}}\boldsymbol{B}=\mathbf{0}$ 同解

$\Leftrightarrow$ 方程组 $\boldsymbol{A}^{\mathrm{T}}\boldsymbol{x}=\mathbf{0}$ 与 $\boldsymbol{B}^{\mathrm{T}}\boldsymbol{x}=\mathbf{0}$ 同解

$\Leftrightarrow$ 矩阵 $\boldsymbol{A}^{\mathrm{T}}$ 与 $\boldsymbol{B}^{\mathrm{T}}$ 的行向量组等价

$\Leftrightarrow$ 矩阵 $\boldsymbol{A}_{m\times n}$ 与 $\boldsymbol{B}_{l\times n}$ 的列向量组等价

$\Leftrightarrow$ $\boldsymbol{AQ}=\boldsymbol{B}$ （右乘可逆矩阵 $\boldsymbol{Q}$）

$\Leftrightarrow$ $R(\boldsymbol{A},\boldsymbol{B})=R(\boldsymbol{A})=R(\boldsymbol{B})$.

2. 非齐次方程组解的结构

1) 非齐次方程组解的性质

(1) 设 $\boldsymbol{\eta}_1,\boldsymbol{\eta}_2$ 都是 $\boldsymbol{Ax}=\boldsymbol{b}$ 的解，则 $\boldsymbol{\eta}_1-\boldsymbol{\eta}_2$ 是它的导出组 $\boldsymbol{Ax}=\mathbf{0}$ 的解；

(2) 设 $\boldsymbol{\eta}_1,\boldsymbol{\eta}_2$ 都是 $\boldsymbol{Ax}=\boldsymbol{b}$ 的解，则当 $k_1+k_2=1$ 时，$k_1\boldsymbol{\eta}_1+k_2\boldsymbol{\eta}_2$ 也是 $\boldsymbol{Ax}=\boldsymbol{b}$ 的解；

(3) 设 $\boldsymbol{\eta}$ 是 $\boldsymbol{Ax}=\boldsymbol{b}$ 的一个解，ξ 是它的导出组 $\boldsymbol{Ax}=\mathbf{0}$ 的解，则 $\xi+\boldsymbol{\eta}$ 是 $\boldsymbol{Ax}=\boldsymbol{b}$ 的解.

2) 非齐次方程组 $\boldsymbol{Ax}=\boldsymbol{b}$ 的通解的结构

$$\boldsymbol{x}=\boldsymbol{\eta}^*+C_1\xi_1+C_2\xi_2+\cdots+C_{n-r}\xi_{n-r},$$

其中 $\boldsymbol{\eta}^*$ 是方程 $\boldsymbol{Ax}=\boldsymbol{b}$ 的一个特解，$r=R(\boldsymbol{A})$ 为系数矩阵的秩，$\xi_1,\xi_2,\cdots,\xi_{n-r}$ 为它的导出组 $\boldsymbol{Ax}=\mathbf{0}$ 的基础解系.

3) 求非齐次线性方程组 $\boldsymbol{Ax}=\boldsymbol{b}$ 的通解的步骤

(1) 对线性方程组的增广矩阵进行初等行变换，把其化成行阶梯形矩阵，并据此判断线性方程组解的情况(无解、唯一解还是无穷多解).

(2) 如果有解，继续将行阶梯形矩阵化为行最简形矩阵，写出同解方程组.

(3) 若方程有无穷多解，选出自由未知量(一般行阶梯行首非零元对应的自变量为非自由未知量，其余的为自由未知量，共 $n-R(\boldsymbol{A})$ 个)，通解的求解方法有两种：方法一是先求导出组 $\boldsymbol{Ax}=\mathbf{0}$ 的基础解系，再求 $\boldsymbol{Ax}=\boldsymbol{b}$ 的一个特解(一般令自由未知量全部取 0)，然后根据非齐次线性方程组解的结构求通解；方法二是令自由未知量为任意常数代入原

方程求出一般解，根据一般解写出通解. 相比较而言，在大多数情况下，方法二更为简便一些.

4.2　考研数学大纲要求

4.2.1　考试内容

向量的概念；向量的线性组合与线性表示；向量组的线性相关与线性无关；向量组的最大线性无关组；等价向量组；向量组的秩；向量组的秩与矩阵的秩之间的关系；线性方程组有解和无解的判定；齐次线性方程组的基础解系和通解；非齐次线性方程组的解与相应的齐次线性方程组(导出组)的解之间的关系；非齐次线性方程组的通解.

4.2.2　考试要求

(1) 了解向量的概念，掌握向量的加法和数乘运算法则.

(2) 理解向量的线性组合与线性表示、向量组线性相关、线性无关等概念，掌握向量组线性相关、线性无关的有关性质及判别法.

(3) 理解向量组的最大线性无关组的概念，会求向量组的最大线性无关组及秩.

(4) 理解向量组等价的概念，理解矩阵的秩与其行(列)向量组的秩之间的关系.

(5) 掌握非齐次线性方程组有解和无解的判定方法.

(6) 理解齐次线性方程组的基础解系的概念，掌握齐次线性方程组的基础解系和通解的求法.

(7) 理解非齐次线性方程组解的结构及通解的概念.

(8) 掌握用初等行变换求解线性方程组的方法.

4.3　典 型 例 题

例 1　下列论断哪些是对的，哪些是错的？如果是对的，给出证明；如果是错的，举出反例.

(1) 对于向量组 $\boldsymbol{\alpha}_1,\boldsymbol{\alpha}_2,\cdots,\boldsymbol{\alpha}_m$，因为当 $\lambda_1=\lambda_2=\cdots=\lambda_m=0$ 时，有 $\lambda_1\boldsymbol{\alpha}_1+\lambda_2\boldsymbol{\alpha}_2+\cdots+\lambda_m\boldsymbol{\alpha}_m=\mathbf{0}$ 成立，所以 $\boldsymbol{\alpha}_1,\boldsymbol{\alpha}_2,\cdots,\boldsymbol{\alpha}_m$ 线性无关；

(2) 如果 $\boldsymbol{\alpha}_1,\boldsymbol{\alpha}_2,\cdots,\boldsymbol{\alpha}_m$ 线性无关，那么其中每一个向量都不是其余向量的线性组合；

(3) 如果向量组 $\boldsymbol{\alpha}_1,\boldsymbol{\alpha}_2,\cdots,\boldsymbol{\alpha}_m(m\geqslant 2)$ 线性相关，则其中每一个向量都可以是其余向量的线性组合；

(4) 设向量 $\boldsymbol{\beta}$ 可以由 $\boldsymbol{\alpha}_1,\boldsymbol{\alpha}_2,\cdots,\boldsymbol{\alpha}_m$ 线性表示，但不能由 $\boldsymbol{\alpha}_1,\boldsymbol{\alpha}_2,\cdots,\boldsymbol{\alpha}_{m-1}$ 线性表示，那么向量组 $\boldsymbol{\alpha}_1,\boldsymbol{\alpha}_2,\cdots,\boldsymbol{\alpha}_{m-1},\boldsymbol{\alpha}_m$ 与向量组 $\boldsymbol{\alpha}_1,\boldsymbol{\alpha}_2,\cdots,\boldsymbol{\alpha}_{m-1},\boldsymbol{\beta}$ 有相同的秩.

解　命题(1)不正确，因为当 $\lambda_1=\lambda_2=\cdots=\lambda_m=0$ 时，不管 $\boldsymbol{\alpha}_1,\boldsymbol{\alpha}_2,\cdots,\boldsymbol{\alpha}_m$ 是否线性相关都有 $\lambda_1\boldsymbol{\alpha}_1+\lambda_2\boldsymbol{\alpha}_2+\cdots+\lambda_m\boldsymbol{\alpha}_m=\mathbf{0}$. 如果将命题(1)改为“如果存在 m 个数 $\lambda_1,\lambda_2,\cdots,\lambda_m$，使得

$\lambda_1\boldsymbol{\alpha}_1+\lambda_2\boldsymbol{\alpha}_2+\cdots+\lambda_m\boldsymbol{\alpha}_m=\mathbf{0}$，则 $\lambda_1=\lambda_2=\cdots=\lambda_m=0$，故 $\boldsymbol{\alpha}_1,\boldsymbol{\alpha}_2,\cdots,\boldsymbol{\alpha}_m$ 线性无关.”则该论断就是正确的了.

命题(2)正确. 其逆否命题为: 如果向量组 $\boldsymbol{\alpha}_1,\boldsymbol{\alpha}_2,\cdots,\boldsymbol{\alpha}_m$ 中至少有一个向量是其余向量的线性组合, 则 $\boldsymbol{\alpha}_1,\boldsymbol{\alpha}_2,\cdots,\boldsymbol{\alpha}_m$ 线性相关.

命题(3)不正确. 例如当 $\boldsymbol{\alpha}\neq\mathbf{0}$ 时, 向量组 $\mathbf{0},\boldsymbol{\alpha}$ 线性相关, 但 $\boldsymbol{\alpha}$ 不是零向量的线性组合. 正确的命题是: “$\boldsymbol{\alpha}_1,\boldsymbol{\alpha}_2,\cdots,\boldsymbol{\alpha}_m$ 线性相关的充要条件是向量组 $\boldsymbol{\alpha}_1,\boldsymbol{\alpha}_2,\cdots,\boldsymbol{\alpha}_m$ 中至少有一个向量是其余向量的线性组合.”

命题(4)正确. 事实上, 由于向量 $\boldsymbol{\beta}$ 可以由 $\boldsymbol{\alpha}_1,\boldsymbol{\alpha}_2,\cdots,\boldsymbol{\alpha}_m$ 线性表示, 则向量组 $\boldsymbol{\alpha}_1,\boldsymbol{\alpha}_2,\cdots,\boldsymbol{\alpha}_{m-1},\boldsymbol{\beta}$ 可由向量组 $\boldsymbol{\alpha}_1,\boldsymbol{\alpha}_2,\cdots,\boldsymbol{\alpha}_{m-1},\boldsymbol{\alpha}_m$ 线性表示.

设 $\boldsymbol{\beta}=k_1\boldsymbol{\alpha}_1+k_2\boldsymbol{\alpha}_2+\cdots+k_m\boldsymbol{\alpha}_m(k_1,k_2,\cdots,k_m\in\mathbf{R})$，因为 $\boldsymbol{\beta}$ 不能由 $\boldsymbol{\alpha}_1,\boldsymbol{\alpha}_2,\cdots,\boldsymbol{\alpha}_{m-1}$ 线性表示, 故 $k_m\neq0$，则有

$$\boldsymbol{\alpha}_m=\frac{1}{k_m}\boldsymbol{\beta}-\frac{k_1}{k_m}\boldsymbol{\alpha}_1-\cdots-\frac{k_{m-1}}{k_m}\boldsymbol{\alpha}_{m-1},$$

即 $\boldsymbol{\alpha}_m$ 可由 $\boldsymbol{\alpha}_1,\boldsymbol{\alpha}_2,\cdots,\boldsymbol{\alpha}_{m-1}$，$\boldsymbol{\beta}$ 线性表示. 因此, 向量组 $\boldsymbol{\alpha}_1,\boldsymbol{\alpha}_2,\cdots,\boldsymbol{\alpha}_{m-1},\boldsymbol{\alpha}_m$ 可由向量组 $\boldsymbol{\alpha}_1,\boldsymbol{\alpha}_2,\cdots,\boldsymbol{\alpha}_{m-1},\boldsymbol{\beta}$ 线性表示. 从而, 向量组 $\boldsymbol{\alpha}_1,\boldsymbol{\alpha}_2,\cdots,\boldsymbol{\alpha}_{m-1},\boldsymbol{\beta}$ 与 $\boldsymbol{\alpha}_1,\boldsymbol{\alpha}_2,\cdots,\boldsymbol{\alpha}_{m-1},\boldsymbol{\alpha}_m$ 等价, 故有相同的秩.

例 2 设 $\boldsymbol{\alpha}_1,\boldsymbol{\alpha}_2,\boldsymbol{\alpha}_3,\boldsymbol{\alpha}_4$ 是一个 4 维向量组, 若已知 $\boldsymbol{\alpha}_4$ 可以表为 $\boldsymbol{\alpha}_1,\boldsymbol{\alpha}_2,\boldsymbol{\alpha}_3$ 的线性组合, 且表示法唯一, 则向量组 $\boldsymbol{\alpha}_1,\boldsymbol{\alpha}_2,\boldsymbol{\alpha}_3,\boldsymbol{\alpha}_4$ 的秩为(　　).

A. 1　　B. 2　　C. 3　　D. 4

解 答案为 C.

解法一 因为 $\boldsymbol{\alpha}_4$ 可以表示为 $\boldsymbol{\alpha}_1,\boldsymbol{\alpha}_2,\boldsymbol{\alpha}_3$ 的线性组合, 且表示法唯一, 必有 $\boldsymbol{\alpha}_1,\boldsymbol{\alpha}_2,\boldsymbol{\alpha}_3$ 线性无关, 证明如下:

设 $\lambda_1\boldsymbol{\alpha}_1+\lambda_2\boldsymbol{\alpha}_2+\lambda_3\boldsymbol{\alpha}_3=\mathbf{0}$，由 $\boldsymbol{\alpha}_4$ 可以表示为 $\boldsymbol{\alpha}_1,\boldsymbol{\alpha}_2,\boldsymbol{\alpha}_3$ 的线性组合, 即 $\boldsymbol{\alpha}_4=k_1\boldsymbol{\alpha}_1+k_2\boldsymbol{\alpha}_2+k_3\boldsymbol{\alpha}_3$，故

$$\begin{aligned}\boldsymbol{\alpha}_4=\boldsymbol{\alpha}_4+\mathbf{0}&=k_1\boldsymbol{\alpha}_1+k_2\boldsymbol{\alpha}_2+k_3\boldsymbol{\alpha}_3+\lambda_1\boldsymbol{\alpha}_1+\lambda_2\boldsymbol{\alpha}_2+\lambda_3\boldsymbol{\alpha}_3\\&=(k_1+\lambda_1)\boldsymbol{\alpha}_1+(k_2+\lambda_2)\boldsymbol{\alpha}_2+(k_3+\lambda_3)\boldsymbol{\alpha}_3.\end{aligned}$$

由表示法唯一, 有

$$k_1+\lambda_1=k_1,\quad k_2+\lambda_2=k_2,\quad k_3+\lambda_3=k_3,$$

于是有 $\lambda_1=\lambda_2=\lambda_3=0$，故 $\boldsymbol{\alpha}_1,\boldsymbol{\alpha}_2,\boldsymbol{\alpha}_3$ 线性无关. 又 $\boldsymbol{\alpha}_4$ 可以表示为 $\boldsymbol{\alpha}_1,\boldsymbol{\alpha}_2,\boldsymbol{\alpha}_3$ 的线性组合, 所以 $\boldsymbol{\alpha}_1,\boldsymbol{\alpha}_2,\boldsymbol{\alpha}_3$ 为向量组 $\boldsymbol{\alpha}_1,\boldsymbol{\alpha}_2,\boldsymbol{\alpha}_3,\boldsymbol{\alpha}_4$ 的一个极大无关组, 故向量组 $\boldsymbol{\alpha}_1,\boldsymbol{\alpha}_2,\boldsymbol{\alpha}_3,\boldsymbol{\alpha}_4$ 的秩为 3.

解法二 因为 $\boldsymbol{\alpha}_4$ 可以表示为 $\boldsymbol{\alpha}_1,\boldsymbol{\alpha}_2,\boldsymbol{\alpha}_3$ 的线性组合, 且表示法唯一, 故线性方程组 $(\boldsymbol{\alpha}_1,\boldsymbol{\alpha}_2,\boldsymbol{\alpha}_3)\boldsymbol{x}=\boldsymbol{\alpha}_4$ 有唯一解, 从而 $R(\boldsymbol{\alpha}_1,\boldsymbol{\alpha}_2,\boldsymbol{\alpha}_3)=R(\boldsymbol{\alpha}_1,\boldsymbol{\alpha}_2,\boldsymbol{\alpha}_3,\boldsymbol{\alpha}_4)=3$，故向量组 $\boldsymbol{\alpha}_1,\boldsymbol{\alpha}_2,\boldsymbol{\alpha}_3,\boldsymbol{\alpha}_4$ 的秩为 3.

例 3 已知向量组 $\boldsymbol{\alpha}_1=\begin{pmatrix}1\\2\\1\end{pmatrix},\boldsymbol{\alpha}_2=\begin{pmatrix}1\\\lambda\\1\end{pmatrix},\boldsymbol{\alpha}_3=\begin{pmatrix}1\\2\\\lambda\end{pmatrix},\boldsymbol{\beta}=\begin{pmatrix}4\\8\\3\end{pmatrix}$，问

(1) λ 取何值时，$\boldsymbol{\beta}$ 不能用 $\boldsymbol{\alpha}_1,\boldsymbol{\alpha}_2,\boldsymbol{\alpha}_3$ 线性表示?

(2) 当 $\boldsymbol{\beta}$ 能用 $\boldsymbol{\alpha}_1,\boldsymbol{\alpha}_2,\boldsymbol{\alpha}_3$ 线性表示时，何时表示法唯一，何时表示法无穷? 并分情况写出表达式.

(3) 讨论 $\boldsymbol{\alpha}_1,\boldsymbol{\alpha}_2,\boldsymbol{\alpha}_3$，$\boldsymbol{\beta}$ 的最大线性无关组.

解　$\boldsymbol{\beta}$ 能否用 $\boldsymbol{\alpha}_1,\boldsymbol{\alpha}_2,\boldsymbol{\alpha}_3$ 线性表示相当于判定非齐次线性方程组 $x_1\boldsymbol{\alpha}_1+x_2\boldsymbol{\alpha}_2+x_3\boldsymbol{\alpha}_3=\boldsymbol{\beta}$ 有无解的情况，对增广矩阵作初等行变换

$$(\boldsymbol{\alpha}_1,\boldsymbol{\alpha}_2,\boldsymbol{\alpha}_3,\boldsymbol{\beta})\xrightarrow{r}\begin{pmatrix}1&1&1&4\\0&\lambda-2&0&0\\0&0&\lambda-1&-1\end{pmatrix}.$$

(1) 当 $\lambda=1$ 时，$R(\boldsymbol{\alpha}_1,\boldsymbol{\alpha}_2,\boldsymbol{\alpha}_3)=2<R(\boldsymbol{\alpha}_1,\boldsymbol{\alpha}_2,\boldsymbol{\alpha}_3,\boldsymbol{\beta})=3$，方程组 $x_1\boldsymbol{\alpha}_1+x_2\boldsymbol{\alpha}_2+x_3\boldsymbol{\alpha}_3=\boldsymbol{\beta}$ 无解，故 $\boldsymbol{\beta}$ 不能用 $\boldsymbol{\alpha}_1,\boldsymbol{\alpha}_2,\boldsymbol{\alpha}_3$ 线性表示.

(2) 当 $\lambda=2$ 时，$R(\boldsymbol{\alpha}_1,\boldsymbol{\alpha}_2,\boldsymbol{\alpha}_3)=R(\boldsymbol{\alpha}_1,\boldsymbol{\alpha}_2,\boldsymbol{\alpha}_3,\boldsymbol{\beta})=2<3$，方程组 $x_1\boldsymbol{\alpha}_1+x_2\boldsymbol{\alpha}_2+x_3\boldsymbol{\alpha}_3=\boldsymbol{\beta}$ 有无穷解，故 $\boldsymbol{\beta}$ 能用 $\boldsymbol{\alpha}_1,\boldsymbol{\alpha}_2,\boldsymbol{\alpha}_3$ 线性表示且表示法无穷，此时 $\boldsymbol{\beta}=(5-t)\boldsymbol{\alpha}_1+t\boldsymbol{\alpha}_2-\boldsymbol{\alpha}_3$，其中 t 为任意常数;

当 $\lambda\neq1$ 且 $\lambda\neq2$ 时，$R(\boldsymbol{\alpha}_1,\boldsymbol{\alpha}_2,\boldsymbol{\alpha}_3)=R(\boldsymbol{\alpha}_1,\boldsymbol{\alpha}_2,\boldsymbol{\alpha}_3,\boldsymbol{\beta})=3$，方程组 $x_1\boldsymbol{\alpha}_1+x_2\boldsymbol{\alpha}_2+x_3\boldsymbol{\alpha}_3=\boldsymbol{\beta}$ 有唯一解，故 $\boldsymbol{\beta}$ 能用 $\boldsymbol{\alpha}_1,\boldsymbol{\alpha}_2,\boldsymbol{\alpha}_3$ 线性表示且表示法唯一，此时 $\boldsymbol{\beta}=\left(4-\dfrac{1}{1-\lambda}\right)\boldsymbol{\alpha}_1+\left(\dfrac{1}{1-\lambda}\right)\boldsymbol{\alpha}_3$.

(3) 当 $\lambda=1$ 时，极大无关组为 $\boldsymbol{\alpha}_1,\boldsymbol{\alpha}_2,\boldsymbol{\beta}$；当 $\lambda=2$ 时，极大无关组为 $\boldsymbol{\alpha}_1,\boldsymbol{\alpha}_3$；当 $\lambda\neq1$ 且 $\lambda\neq2$ 时，极大无关组为 $\boldsymbol{\alpha}_1,\boldsymbol{\alpha}_2,\boldsymbol{\alpha}_3$.

注: 本题虽以向量组的形式出现，其实着重考查线性表示与齐次线性方程组的关系、线性方程组解的判定、线性方程组的解法等多个知识点.

例 4　设 $\boldsymbol{a}_1=(1,-1,1,-1)^{\mathrm{T}}$，$\boldsymbol{a}_2=(3,1,1,3)^{\mathrm{T}}$，$\boldsymbol{b}_1=(2,0,1,1)^{\mathrm{T}}$，$\boldsymbol{b}_2=(3,-1,2,0)^{\mathrm{T}}$，$\boldsymbol{b}_3=(3,-1,2,0)^{\mathrm{T}}$ 证明: 向量组 $\boldsymbol{a}_1,\boldsymbol{a}_2$ 与向量组 $\boldsymbol{b}_1,\boldsymbol{b}_2,\boldsymbol{b}_3$ 等价.

证明　因为

$$(\boldsymbol{a}_1,\boldsymbol{a}_2,\boldsymbol{b}_1,\boldsymbol{b}_2,\boldsymbol{b}_3)=\begin{pmatrix}1&3&2&3&3\\-1&1&0&-1&-1\\1&1&1&2&2\\-1&3&1&0&0\end{pmatrix}\xrightarrow{r}\begin{pmatrix}1&3&2&3&3\\0&2&1&1&1\\0&0&0&0&0\\0&0&0&0&0\end{pmatrix},$$

所以 $R(\boldsymbol{a}_1,\boldsymbol{a}_2)=R(\boldsymbol{a}_1,\boldsymbol{a}_2,\boldsymbol{b}_1,\boldsymbol{b}_2,\boldsymbol{b}_3)=2$，继续对上述行阶梯形矩阵中行向量组 $\boldsymbol{b}_1,\boldsymbol{b}_2,\boldsymbol{b}_3$ 对应的后三列作初等行变换，得

$$(\boldsymbol{b}_1,\boldsymbol{b}_2,\boldsymbol{b}_3)\xrightarrow{r}\begin{pmatrix}1&0&0\\0&1&1\\0&0&0\\0&0&0\end{pmatrix},$$

可知 $R(\boldsymbol{b}_1,\boldsymbol{b}_2,\boldsymbol{b}_3)=2$，从而有 $R(\boldsymbol{a}_1,\boldsymbol{a}_2)=R(\boldsymbol{b}_1,\boldsymbol{b}_2,\boldsymbol{b}_3)=R(\boldsymbol{a}_1,\boldsymbol{a}_2,\boldsymbol{b}_1,\boldsymbol{b}_2,\boldsymbol{b}_3)=2$，故向量组 $\boldsymbol{a}_1,\boldsymbol{a}_2$ 与向量组 $\boldsymbol{b}_1,\boldsymbol{b}_2,\boldsymbol{b}_3$ 等价.

例 5　已知四元非齐次线性方程组的系数矩阵为 $\boldsymbol{A}=(\boldsymbol{\alpha}_1,\boldsymbol{\alpha}_2,\boldsymbol{\alpha}_3,\boldsymbol{\alpha}_4)$，其中 $\boldsymbol{\alpha}_i(i=1,2,3,4)$ 均为四维列向量，$\boldsymbol{\alpha}_2,\boldsymbol{\alpha}_3,\boldsymbol{\alpha}_4$ 线性无关，$\boldsymbol{\alpha}_1=2\boldsymbol{\alpha}_2-\boldsymbol{\alpha}_3$ 且 $\boldsymbol{\beta}=\sum\limits_{i=1}^{4}\boldsymbol{\alpha}_i$，求线性方程组 $\boldsymbol{Ax}=\boldsymbol{\beta}$ 的通解.

解　因为 $\boldsymbol{\alpha}_2,\boldsymbol{\alpha}_3,\boldsymbol{\alpha}_4$ 线性无关，且 $\boldsymbol{\alpha}_1=2\boldsymbol{\alpha}_2-\boldsymbol{\alpha}_3$，则 $\boldsymbol{\alpha}_1,\boldsymbol{\alpha}_2,\boldsymbol{\alpha}_3,\boldsymbol{\alpha}_4$ 线性相关且 $R(\boldsymbol{\alpha}_1,\boldsymbol{\alpha}_2,\boldsymbol{\alpha}_3,\boldsymbol{\alpha}_4)=R(\boldsymbol{A})=3$. 由 $4-R(\boldsymbol{A})=1$，可知 $\boldsymbol{Ax}=\boldsymbol{0}$ 的基础解系仅含一个解向量. 又

$$\boldsymbol{\alpha}_1=2\boldsymbol{\alpha}_2-\boldsymbol{\alpha}_3 \Leftrightarrow \boldsymbol{\alpha}_1-2\boldsymbol{\alpha}_2+\boldsymbol{\alpha}_3+0\boldsymbol{\alpha}_4=\boldsymbol{0} \Leftrightarrow (\boldsymbol{\alpha}_1,\boldsymbol{\alpha}_2,\boldsymbol{\alpha}_3,\boldsymbol{\alpha}_4)\begin{pmatrix}1\\-2\\1\\0\end{pmatrix}=\boldsymbol{0},$$

即 $\begin{pmatrix}1\\-2\\1\\0\end{pmatrix}$ 是齐次线性方程组 $(\boldsymbol{\alpha}_1,\cdots,\boldsymbol{\alpha}_4)\begin{pmatrix}x_1\\x_2\\x_3\\x_4\end{pmatrix}=\boldsymbol{0}$ 的一个非零的解向量，故该解向量构成 $\boldsymbol{Ax}=\boldsymbol{0}$ 的一个基础解系.

又因为 $\boldsymbol{\beta}=\sum\limits_{i=1}^{4}\boldsymbol{\alpha}_i$，即 $(\boldsymbol{\alpha}_1,\boldsymbol{\alpha}_2,\boldsymbol{\alpha}_3,\boldsymbol{\alpha}_4)\begin{pmatrix}1\\1\\1\\1\end{pmatrix}=\boldsymbol{\beta}$. 所以，向量 $\begin{pmatrix}1\\1\\1\\1\end{pmatrix}$ 是非齐次线性方程组 $(\boldsymbol{\alpha}_1,\boldsymbol{\alpha}_2,\boldsymbol{\alpha}_3,\boldsymbol{\alpha}_4)\begin{pmatrix}x_1\\x_2\\x_3\\x_4\end{pmatrix}=\boldsymbol{\beta}$ 的一个解向量. 于是根据非齐次线性方程组通解的结构知方程组 $\boldsymbol{Ax}=\boldsymbol{\beta}$ 的通解为 $\begin{pmatrix}1\\1\\1\\1\end{pmatrix}+k\begin{pmatrix}1\\-2\\1\\0\end{pmatrix}$ (k 为任意实数).

注: 本题综合考查了齐次线性方程组基础解系的概念、判定、线性方程组的向量形式、线性方程组通解的结构等多个知识点.

例 6　齐次线性方程组 $\boldsymbol{A}_{m\times n}\boldsymbol{x}=\boldsymbol{0}$ 仅有零解的充分必要条件是(　　).

A. 系数矩阵 $\boldsymbol{A}$ 的行向量组线性无关　　B. 系数矩阵 $\boldsymbol{A}$ 的列向量组线性无关

C. 系数矩阵 $\boldsymbol{A}$ 的行向量组线性相关　　D. 系数矩阵 $\boldsymbol{A}$ 的列向量组线性相关

解　应选 B.

解法一　令 $\boldsymbol{A}=(\boldsymbol{\alpha}_1,\boldsymbol{\alpha}_2,\cdots,\boldsymbol{\alpha}_n)$，$\boldsymbol{x}=\begin{pmatrix}x_1\\x_2\\\vdots\\x_n\end{pmatrix}$，则

$$\boldsymbol{Ax}=\boldsymbol{0} \Leftrightarrow (\boldsymbol{\alpha}_1,\boldsymbol{\alpha}_2,\cdots,\boldsymbol{\alpha}_n)\begin{pmatrix} x_1 \\ x_2 \\ \vdots \\ x_n \end{pmatrix}=\begin{pmatrix} 0 \\ 0 \\ \vdots \\ 0 \end{pmatrix} \Leftrightarrow x_1\boldsymbol{\alpha}_1+x_2\boldsymbol{\alpha}_2+\cdots+x_n\boldsymbol{\alpha}_n=\boldsymbol{0}.$$

当此方程组仅有零解时，即 $x_1\boldsymbol{\alpha}_1+x_2\boldsymbol{\alpha}_2+\cdots+x_n\boldsymbol{\alpha}_n=\boldsymbol{0}$ 只有当 $x_1=x_2=\cdots=x_n=0$ 时才能成立．于是，由向量组线性相关性的概念可知，此时 $\boldsymbol{A}$ 的列向量组线性无关．

解法二　$\boldsymbol{A}_{m\times n}\boldsymbol{x}=\boldsymbol{0}$ 仅有零解 $\Leftrightarrow R(\boldsymbol{A}_{m\times n})=n$，所以 $\boldsymbol{A}$ 的列向量组的秩等于 n，故 $\boldsymbol{A}$ 的列向量组线性无关．

例 7　设 $\boldsymbol{A}$ 是 $m\times n$ 矩阵，则方程组 $\boldsymbol{Ax}=\boldsymbol{b}$ 有唯一解的充要条件是(　　)．

A. $\boldsymbol{Ax}=\boldsymbol{0}$ 有唯一零解

B. $R(\boldsymbol{A})=n,\boldsymbol{b}$ 可由 $\boldsymbol{A}$ 的列向量线性表示

C. $m=n$ 且 $|\boldsymbol{A}|\neq 0$

D. $\boldsymbol{A}$ 的列向量组与 $(\boldsymbol{A},\boldsymbol{b})$ 的列向量组是等价向量组

解　方程组 $\boldsymbol{Ax}=\boldsymbol{b}$ 有唯一解 $\Leftrightarrow R(\boldsymbol{A})=R(\boldsymbol{A},\boldsymbol{b})=n$．

考查 A，$\boldsymbol{Ax}=\boldsymbol{0}$ 有唯一零解 $\Leftrightarrow R(\boldsymbol{A})=n$，不一定能得到 $R(\boldsymbol{A})=R(\boldsymbol{A},\boldsymbol{b})$．

考查 B，因为 $\boldsymbol{b}$ 可由 $\boldsymbol{A}$ 的列向量线性表示 $\Leftrightarrow \boldsymbol{Ax}=\boldsymbol{b}$ 有解 $\Leftrightarrow R(\boldsymbol{A})=R(\boldsymbol{A},\boldsymbol{b})$，又 $R(\boldsymbol{A})=n$，故 $R(\boldsymbol{A})=R(\boldsymbol{A},\boldsymbol{b})=n$，所以 B 是方程组 $\boldsymbol{Ax}=\boldsymbol{b}$ 有唯一解的充要条件．

考查 C，$m=n$ 且 $|\boldsymbol{A}|\neq 0$ 为充分不必要条件，不是充要条件．

考查 D，$\boldsymbol{A}$ 的列向量组与 $(\boldsymbol{A},\boldsymbol{b})$ 的列向量组是等价向量组 $\Leftrightarrow R(\boldsymbol{A})=R(\boldsymbol{A},\boldsymbol{b})$，不一定得到 $R(\boldsymbol{A})=R(\boldsymbol{A},\boldsymbol{b})=n$，即方程组 $\boldsymbol{Ax}=\boldsymbol{b}$ 有解，但不一定是唯一解．

故应选 B．

例 8　设有齐次线性方程组 $\boldsymbol{Ax}=\boldsymbol{0}$ 和 $\boldsymbol{Bx}=\boldsymbol{0}$，其中 $\boldsymbol{A},\boldsymbol{B}$ 均为 $m\times n$ 矩阵，现有四个命题：

① 若 $\boldsymbol{Ax}=\boldsymbol{0}$ 的解均是 $\boldsymbol{Bx}=\boldsymbol{0}$ 的解，则 $R(\boldsymbol{A})\geqslant R(\boldsymbol{B})$；

② 若 $R(\boldsymbol{A})\geqslant R(\boldsymbol{B})$，则 $\boldsymbol{Ax}=\boldsymbol{0}$ 的解均是 $\boldsymbol{Bx}=\boldsymbol{0}$ 的解；

③ 若 $\boldsymbol{Ax}=\boldsymbol{0}$ 与 $\boldsymbol{Bx}=\boldsymbol{0}$ 同解，则 $R(\boldsymbol{A})=R(\boldsymbol{B})$；

④ 若 $R(\boldsymbol{A})=R(\boldsymbol{B})$，则 $\boldsymbol{Ax}=\boldsymbol{0}$ 与 $\boldsymbol{Bx}=\boldsymbol{0}$ 同解．

以上命题中正确的是(　　)．

A. ①②　　B. ①③　　C. ②④　　D. ③④

解　命题①正确，证明如下：设 $\boldsymbol{\alpha}_1,\cdots,\boldsymbol{\alpha}_t$ 是 $\boldsymbol{Ax}=\boldsymbol{0}$ 的基础解系，$\boldsymbol{\beta}_1,\cdots,\boldsymbol{\beta}_s$ 是 $\boldsymbol{Bx}=\boldsymbol{0}$ 的基础解系．因为 $\boldsymbol{Ax}=\boldsymbol{0}$ 的解都是 $\boldsymbol{Bx}=\boldsymbol{0}$ 的解，所以 $\boldsymbol{\alpha}_1,\cdots,\boldsymbol{\alpha}_t$ 必可由 $\boldsymbol{\beta}_1,\cdots,\boldsymbol{\beta}_s$ 线性表示，又因 $\boldsymbol{\alpha}_1,\cdots,\boldsymbol{\alpha}_t$ 线性无关，从而 $t\leqslant s$，于是 $t=n-R(\boldsymbol{A})\leqslant n-R(\boldsymbol{B})\Leftrightarrow R(\boldsymbol{A})\geqslant R(\boldsymbol{B})$ 成立．

命题③正确，证明如下：

解法一　若 $\boldsymbol{Bx}=\boldsymbol{0}$ 的解均是 $\boldsymbol{Ax}=\boldsymbol{0}$ 的解，则必有 $R(\boldsymbol{B})\geqslant R(\boldsymbol{A})$ 成立．那么当 $\boldsymbol{Ax}=\boldsymbol{0}$ 与 $\boldsymbol{Bx}=\boldsymbol{0}$ 同解时，必有 $R(\boldsymbol{A})\geqslant R(\boldsymbol{B})\geqslant R(\boldsymbol{A})$，即 $R(\boldsymbol{A})=R(\boldsymbol{B})$ 成立，可见命题③是成立的．故应选 B．

解法二 当 $\boldsymbol{Ax}=\boldsymbol{0}$ 与 $\boldsymbol{Bx}=\boldsymbol{0}$ 同解时，有 $\boldsymbol{A}\xrightarrow{\text{行变换}}\cdots\rightarrow\boldsymbol{B}\Leftrightarrow\boldsymbol{B}\xrightarrow{\text{行变换}}\cdots\rightarrow\boldsymbol{A}$，即

$$\boldsymbol{A}\overset{r}{\cong}\boldsymbol{B}\Rightarrow R(\boldsymbol{A})=R(\boldsymbol{B}).$$

命题②和命题④错误，反例如下：

命题②反例：$\boldsymbol{A}=\begin{pmatrix}1&&\\&1&\\&&0\end{pmatrix},\boldsymbol{B}=\begin{pmatrix}0&&\\&0&\\&&1\end{pmatrix}$.

命题④反例：$\boldsymbol{A}=\begin{pmatrix}1&&\\&0&\\&&0\end{pmatrix},\boldsymbol{B}=\begin{pmatrix}0&&\\&0&\\&&1\end{pmatrix}$，实际上当 $\boldsymbol{A}\cong\boldsymbol{B}\Leftrightarrow R(\boldsymbol{A})=R(\boldsymbol{B})$ 时，得不出 $\boldsymbol{A}\xrightarrow{\text{行变换}}\cdots\rightarrow\boldsymbol{B}\Leftrightarrow\boldsymbol{B}\xrightarrow{\text{行变换}}\cdots\rightarrow\boldsymbol{A}$，即 $\boldsymbol{Ax}=\boldsymbol{0}$ 与 $\boldsymbol{Bx}=\boldsymbol{0}$ 不一定同解. ($\boldsymbol{Ax}=\boldsymbol{0}$ 与 $\boldsymbol{Bx}=\boldsymbol{0}$ 同解 $\Leftrightarrow\boldsymbol{A}\overset{r}{\cong}\boldsymbol{B}$，即 $\boldsymbol{A}$ 与 $\boldsymbol{B}$ 行等价.)

例 9 设 ξ_1,ξ_2,ξ_3 是 $\boldsymbol{Ax}=\boldsymbol{b}$ 的解向量，若 $\boldsymbol{\eta}_1=2\xi_1-a\xi_2+3b\xi_3$，$\boldsymbol{\eta}_2=2a\xi_1-b\xi_2-\xi_3$，$\boldsymbol{\eta}_3=3b\xi_1-3a\xi_2+4\xi_3$ 也是 $\boldsymbol{Ax}=\boldsymbol{b}$ 的解，则 a,b 应满足(　　).

A. $a=1,b=1$　　B. $a=0,b=1$　　C. $a=1,b=0$　　D. $a=0,b=-1$

解 由线性方程组解的性质知，若 $\boldsymbol{\eta}_1=2\xi_1-a\xi_2+3b\xi_3$，$\boldsymbol{\eta}_2=2a\xi_1-b\xi_2-\xi_3$，$\boldsymbol{\eta}_3=3b\xi_1-3a\xi_2+4\xi_3$ 也是 $\boldsymbol{Ax}=\boldsymbol{b}$ 的解，则有

$$\begin{cases}2-a+3b=1,\\2a-b-1=1,\\3b-3a+4=1,\end{cases}\text{即}\begin{cases}-a+3b=-1,\\2a-b=2,\\-3a+3b=-3,\end{cases}$$

解得 $a=1,b=0$. 故选 C.

例 10 求非齐次线性方程组 $\begin{cases}x_1+5x_2-x_3-x_4=-1,\\x_1-2x_2+x_3+3x_4=3,\\3x_1+8x_2-x_3+x_4=1,\\x_1-9x_2+3x_3+7x_4=7\end{cases}$ 的通解.

解 对增广矩阵 $(\boldsymbol{A},\boldsymbol{b})$ 施以初等行变换，化为行阶梯形矩阵：

$$(\boldsymbol{A},\boldsymbol{b})=\begin{pmatrix}1&5&-1&-1&-1\\1&-2&1&3&3\\3&8&-1&1&1\\1&-9&3&7&7\end{pmatrix}\xrightarrow[r_4-r_1]{\substack{r_2-r_1\\r_3-3r_1}}\begin{pmatrix}1&5&-1&-1&-1\\0&-7&2&4&4\\0&-7&2&4&4\\0&-14&4&8&8\end{pmatrix}$$

$$\xrightarrow[r_4-2r_2]{r_3-r_2}\begin{pmatrix}1&5&-1&-1&-1\\0&-7&2&4&4\\0&0&0&0&0\\0&0&0&0&0\end{pmatrix}.$$

因为 $R(\boldsymbol{A},\boldsymbol{b})=R(\boldsymbol{A})=2<4$，故方程组有无穷多解，继续作初等行变换，将 $(\boldsymbol{A},\boldsymbol{b})$ 化为行

最简形矩阵

$$\xrightarrow{r_2\times\left(-\frac{1}{7}\right)}\begin{pmatrix}1&5&-1&-1&-1\\0&1&-2/7&-4/7&-4/7\\0&0&0&0&0\\0&0&0&0&0\end{pmatrix}\xrightarrow{r_1-5r_2}\begin{pmatrix}1&0&3/7&13/7&13/7\\0&1&-2/7&-4/7&-4/7\\0&0&0&0&0\\0&0&0&0&0\end{pmatrix},$$

得同解方程组 $\begin{cases}x_1=\dfrac{13}{7}-\dfrac{3}{7}x_3-\dfrac{13}{7}x_4,\\ x_2=-\dfrac{4}{7}+\dfrac{2}{7}x_3+\dfrac{4}{7}x_4,\end{cases}$ 选取 x_3,x_4 为自由未知量.

解法一　令 $x_3=c_1,x_4=c_2$ (c_1,c_2 为任意常数)代入同解方程组, 得方程组的通解为

$$\begin{cases}x_1=\dfrac{13}{7}-\dfrac{3}{7}c_1-\dfrac{13}{7}c_2,\\ x_2=-\dfrac{4}{7}+\dfrac{2}{7}c_1+\dfrac{4}{7}c_2,\\ x_3=c_1,\\ x_4=c_2.\end{cases}$$

解法二　令 $\begin{pmatrix}x_3\\x_4\end{pmatrix}=\begin{pmatrix}0\\0\end{pmatrix}$ 代入同解方程组, 得原方程组的一个特解 $\boldsymbol{\eta}=\left(\dfrac{13}{7},-\dfrac{4}{7},0,0\right)^{\mathrm{T}}$.

将同解方程组中的常数项都改为 0, 则得到导出组的同解方程组为

$$\begin{cases}x_1=-\dfrac{3}{7}x_3-\dfrac{13}{7}x_4,\\ x_2=\dfrac{2}{7}x_3+\dfrac{4}{7}x_4,\end{cases}$$

分别令 $\begin{pmatrix}x_3\\x_4\end{pmatrix}=\begin{pmatrix}1\\0\end{pmatrix},\begin{pmatrix}0\\1\end{pmatrix}$, 得导出组的一个基础解系

$$\boldsymbol{\xi}_1=\left(-\frac{3}{7},\frac{2}{7},1,0\right)^{\mathrm{T}},\quad \boldsymbol{\xi}_2=\left(-\frac{13}{7},\frac{4}{7},0,1\right)^{\mathrm{T}},$$

所以原方程组的通解为

$$\begin{aligned}\boldsymbol{x}&=\boldsymbol{\eta}+c_1\boldsymbol{\xi}_1+c_2\boldsymbol{\xi}_2\\&=\left(\frac{13}{7},-\frac{4}{7},0,0\right)^{\mathrm{T}}+c_1\left(-\frac{3}{7},\frac{2}{7},1,0\right)^{\mathrm{T}}+c_2\left(-\frac{13}{7},\frac{4}{7},0,1\right)^{\mathrm{T}}\quad(c_1,c_2\in\mathbf{R}).\end{aligned}$$

注: 此题答案的表达形式并不唯一: ① 自由未知量的选取不唯一, 比如也可以取 x_1,x_2 作为自由未知量等; ② 求导出组基础解系时, 令自由未知量的值只需保证自由未知量构成的向量线性无关即可, 并不唯一, 比如本题也可令 $\begin{pmatrix}x_3\\x_4\end{pmatrix}=\begin{pmatrix}7\\0\end{pmatrix},\begin{pmatrix}0\\7\end{pmatrix}$ 等.

$\left(\begin{pmatrix}7\\0\end{pmatrix},\begin{pmatrix}0\\7\end{pmatrix}\right.$线性无关即可.$\left.\right)$

例 11　已知线性方程组 $\boldsymbol{Ax}=\boldsymbol{b}$ 的三个解为 $\boldsymbol{\eta}_1=(1,-1,1)^{\mathrm{T}}$，$\boldsymbol{\eta}_2=(2,0,1,)^{\mathrm{T}}$，$\boldsymbol{\eta}_3=(2,-1,2)^{\mathrm{T}}$，且 $R(\boldsymbol{A})=1$，求线性方程组 $\boldsymbol{Ax}=\boldsymbol{b}$ 的通解.

解　由所给方程组的解可知方程组有三个未知数，即 $n=3$，而 $R(\boldsymbol{A})=1$，导出组 $\boldsymbol{Ax}=\boldsymbol{0}$ 的基础解系中应有 $n-R(\boldsymbol{A})=n-1=2$ 个解向量.

令 $\xi_1=\boldsymbol{\eta}_2-\boldsymbol{\eta}_1=(1,1,0)^{\mathrm{T}},\xi_2=\boldsymbol{\eta}_3-\boldsymbol{\eta}_1=(1,0,1)^{\mathrm{T}}$，则 ξ_1,ξ_2 是 $\boldsymbol{Ax}=\boldsymbol{0}$ 的两个线性无关的解向量，从而 ξ_1,ξ_2 构成 $\boldsymbol{Ax}=\boldsymbol{0}$ 的一个基础解系，故 $\boldsymbol{Ax}=\boldsymbol{b}$ 的通解为 $\boldsymbol{x}=k_1\xi_1+k_2\xi_2+\boldsymbol{\eta}_1$ (k_1,k_2 为任意常数).

例 12　求一个齐次线性方程组，使它的基础解系为 $\xi_1=(0,1,2,3)^{\mathrm{T}},\xi_2=(3,2,1,0)^{\mathrm{T}}$.

解　设所求的齐次线性方程为 $\boldsymbol{Ax}=\boldsymbol{0}$. 首先考虑此方程有多少个未知元，有多少个方程. 因 ξ_1 是 4 维的，故方程有 4 个未知元，即矩阵 $\boldsymbol{A}$ 的列数等于 4. 另一方面，因基础解系含两个解向量，故 $R(\boldsymbol{A})=4-2=2$. 因此方程的个数可以是任意 $m(\geqslant 2)$ 个. 这样，我们只需构造一个满足题设要求而行数最少的矩阵 $\boldsymbol{A}$，即 $\boldsymbol{A}$ 是 2×4 矩阵，且 $R(\boldsymbol{A})=2$.

又

线性无关的向量 ξ_1,ξ_2 是齐次线性方程为 $\boldsymbol{A}_{2\times4}\boldsymbol{x}=\boldsymbol{0}$ 基础解系

$\Leftrightarrow \boldsymbol{A}_{2\times4}(\xi_1,\xi_2)=\boldsymbol{0}$, 且 $R(\boldsymbol{A})=2$

$\Leftrightarrow \boldsymbol{AB}=\boldsymbol{O}$, 且 $R(\boldsymbol{A})=2$，这里矩阵 $\boldsymbol{B}=(\xi_1,\xi_2)$

$\Leftrightarrow \boldsymbol{B}^{\mathrm{T}}\boldsymbol{A}_{4\times2}^{\mathrm{T}}=\boldsymbol{O}$, 且 $R(\boldsymbol{A}^{\mathrm{T}})=2$

$\Leftrightarrow$ 矩阵 $\boldsymbol{A}_{4\times2}^{\mathrm{T}}$ 的两个列向量为线性方程组 $\boldsymbol{B}^{\mathrm{T}}\boldsymbol{x}=\boldsymbol{0}$ 的解向量，且线性无关

$\Leftrightarrow$ 矩阵 $\boldsymbol{A}_{4\times2}^{\mathrm{T}}$ 的两个列向量为线性方程组 $\boldsymbol{B}^{\mathrm{T}}\boldsymbol{x}=\boldsymbol{0}$ 的基础解系(因为 $R(\boldsymbol{B}^{\mathrm{T}})=2$)，且

$$\boldsymbol{B}^{\mathrm{T}}=\begin{pmatrix}0&1&2&3\\3&2&1&0\end{pmatrix}\xrightarrow[\frac{1}{3}r_2]{r_2-2r_1}\begin{pmatrix}0&1&2&3\\1&0&-1&-2\end{pmatrix},$$

可取 $\boldsymbol{B}^{\mathrm{T}}\boldsymbol{X}=\boldsymbol{0}$ 的一个基础解系为 $\boldsymbol{\eta}_1^{\mathrm{T}}=(1,\ \ -2,1,0),\boldsymbol{\eta}_2^{\mathrm{T}}=(2,-3,0,1)$. 故 $\boldsymbol{A}$ 可取为

$$\boldsymbol{A}=\begin{pmatrix}\boldsymbol{\eta}_1^{\mathrm{T}}\\\boldsymbol{\eta}_2^{\mathrm{T}}\end{pmatrix}=\begin{pmatrix}1&-2&1&0\\2&-3&0&1\end{pmatrix},$$

对应的方程组为

$$\begin{cases}x_1-2x_2+x_3=0,\\2x_1-3x_2+x_4=0.\end{cases}$$

4.4 练　习　题

4.4.1 线性方程组的解

一、选择题.

1. 齐次线性方程组 $\boldsymbol{Ax}=\boldsymbol{0}$ 是非齐次线性方程组 $\boldsymbol{Ax}=\boldsymbol{b}$ 的导出组,

① 若 $\boldsymbol{Ax}=\boldsymbol{0}$ 仅有零解, 则 $\boldsymbol{Ax}=\boldsymbol{b}$ 有唯一解;

② 若 $\boldsymbol{Ax}=\boldsymbol{0}$ 有非零解, 则 $\boldsymbol{Ax}=\boldsymbol{b}$ 有无穷多解;

③ 若 $\boldsymbol{Ax}=\boldsymbol{b}$ 有无穷多解, 则 $\boldsymbol{Ax}=\boldsymbol{0}$ 有非零解;

④ 若 $\boldsymbol{Ax}=\boldsymbol{b}$ 有唯一解, 则 $\boldsymbol{Ax}=\boldsymbol{0}$ 仅有零解;

⑤ 若 $\boldsymbol{Ax}=\boldsymbol{b}$ 无解, 则 $\boldsymbol{Ax}=\boldsymbol{0}$ 有非零解;

⑥ 若 $\boldsymbol{Ax}=\boldsymbol{b}$ 无解, 则 $\boldsymbol{Ax}=\boldsymbol{0}$ 仅有零解.

则以上命题正确的是(　　).

A. ①②　　B. ③④　　C. ③⑤　　D. ④⑥

2. 设线性方程组 $\boldsymbol{Ax}=\boldsymbol{b}$ 的增广矩阵通过初等行变换化为 $\begin{pmatrix} 0 & 3 & 1 & 2 & 6 \\ 0 & 0 & 3 & 1 & 4 \\ 0 & 0 & 0 & 3 & -1 \\ 0 & 0 & 0 & 0 & 0 \end{pmatrix}$,则此线性方程组的一般解中自由未知量的个数为(　　).

A. 1　　B. 2　　C. 3　　D. 4

3. 设齐次线性方程组 $\begin{cases} x_1+x_2+\lambda x_3=0, \\ x_1+\lambda x_2+x_3=0, \\ \lambda x_1+x_2+x_3=0 \end{cases}$ 有非零解, 则 $\lambda=($　　$)$.

A. -1　　B. -2　　C. -3　　D. 0

二、填空题.

已知 $\boldsymbol{A}=(a_{ij})_{3\times 3}$ 的逆矩阵 $\boldsymbol{A}^{-1}=\begin{pmatrix} 1 & 3 & -5 \\ 3 & 0 & 4 \\ -5 & 4 & -2 \end{pmatrix}$, 那么方程组 $\begin{cases} a_{11}x_1+a_{13}x_2+a_{12}x_3=1, \\ a_{21}x_1+a_{23}x_2+a_{22}x_3=2, \\ a_{31}x_1+a_{33}x_2+a_{32}x_3=3 \end{cases}$ 的解 $\begin{cases} x_1=\underline{\qquad\qquad}, \\ x_2=\underline{\qquad\qquad}, \\ x_3=\underline{\qquad\qquad}. \end{cases}$

三、求齐次线性方程组$\begin{cases}x_1+2x_2+x_3-x_4=0,\\3x_1+6x_2-x_3-3x_4=0,\\5x_1+10x_2+x_3-5x_4=0\end{cases}$的通解.

四、求解下列非齐次线性方程组.

(1) $\begin{cases}4x_1+2x_2-x_3=2,\\3x_1-x_2+2x_3=10,\\11x_1+3x_2=8;\end{cases}$

(2) $\begin{cases}2x_1-3x_2+5x_3+7x_4=1,\\4x_1-6x_2+2x_3+3x_4=2,\\2x_1-3x_2-11x_3-15x_4=1.\end{cases}$

五、已知线性方程组$\begin{cases}x_1+x_2+x_3+x_4+x_5=a,\\3x_1+2x_2+x_3+x_4-x_5=0,\\x_2+2x_3+2x_4+6x_5=b,\\5x_1+4x_2+3x_3+3x_4-x_5=2,\end{cases}$求 a,b 为何值时，方程组有解；有解时，求出通解.

4.4.2　向量组及其线性组合

一、选择题.

1. 若向量$(7,-2,\lambda)^{\mathrm{T}}$可由$(2,3,5)^{\mathrm{T}},(3,7,8)^{\mathrm{T}},(1,-6,1)^{\mathrm{T}}$线性表示，则$\lambda=$(　　).

A. 3　　B. 9　　C. 12　　D.15

2. 已知$\boldsymbol{B}=\boldsymbol{A}\boldsymbol{C}$，则下列结论不正确的是(　　).

A. 矩阵$\boldsymbol{B}$的列向量组能由矩阵$\boldsymbol{A}$的列向量组线性表示

B. 矩阵$\boldsymbol{A}$的列向量组能由矩阵$\boldsymbol{B}$的列向量组线性表示

C. 矩阵$\boldsymbol{B}$的行向量组能由矩阵$\boldsymbol{C}$的行向量组线性表示

D. $R(\boldsymbol{A})\geqslant R(\boldsymbol{B})$

二、填空题.

1. 已知向量$\boldsymbol{\alpha}=(2,0,-1,3)^{\mathrm{T}},\boldsymbol{\beta}=(1,7,4,-2)^{\mathrm{T}},\boldsymbol{\gamma}=(0,1,0,1)^{\mathrm{T}}$，若向量$\boldsymbol{x}$满足$3\boldsymbol{\alpha}-\boldsymbol{\beta}+5\boldsymbol{\gamma}+2\boldsymbol{x}=\boldsymbol{0}$，则$\boldsymbol{x}=$____________.

2. 已知$\boldsymbol{A}=(\boldsymbol{\alpha}_1,\boldsymbol{\alpha}_2,\boldsymbol{\alpha}_3,\boldsymbol{\alpha}_4)$且$\boldsymbol{\beta}=\boldsymbol{\alpha}_1+\boldsymbol{\alpha}_2+\boldsymbol{\alpha}_3+\boldsymbol{\alpha}_4$，则方程组$\boldsymbol{A}\boldsymbol{x}=\boldsymbol{\beta}$的一个解向量为____________.

三、下列各题中的向量$\boldsymbol{\beta}$能否为其余向量组成的向量组的线性组合？若能，写出一个线性表达式.

1. $\boldsymbol{\beta}=(0,8,-1,5)^{\mathrm{T}},\boldsymbol{\alpha}_1=(1,3,-1,2)^{\mathrm{T}},\boldsymbol{\alpha}_2=(0,-1,2,1)^{\mathrm{T}},\boldsymbol{\alpha}_3=(-2,1,3,2)^{\mathrm{T}}$.

2. $\boldsymbol{\beta}=(-1,1,0,1)^{\mathrm{T}},\boldsymbol{\alpha}_1=(5,0,1,2)^{\mathrm{T}},\boldsymbol{\alpha}_2=(4,1,0,1)^{\mathrm{T}},\boldsymbol{\alpha}_3=(1,1,1,0)^{\mathrm{T}}$.

四、设有向量组 $\boldsymbol{\alpha}_1=(a,2,10)^{\mathrm{T}},\boldsymbol{\alpha}_2=(-2,1,5)^{\mathrm{T}},\boldsymbol{\alpha}_3=(-1,1,4)^{\mathrm{T}}$ 及向量 $\boldsymbol{\beta}=(1,b,-1)^{\mathrm{T}}$，问 a,b 为何值时，

(1) 向量 $\boldsymbol{\beta}$ 不能被向量组 $\boldsymbol{A}$ 线性表示；

(2) 向量 $\boldsymbol{\beta}$ 能被向量组 $\boldsymbol{A}$ 线性表示，且表示法唯一；

(3) 向量 $\boldsymbol{\beta}$ 能被向量组 $\boldsymbol{A}$ 线性表示，且表示法不唯一，并求一般表示式.

五、设有向量 $\boldsymbol{\alpha}_1=(1,2,3)^{\mathrm{T}},\boldsymbol{\alpha}_2=(0,1,4)^{\mathrm{T}},\boldsymbol{\alpha}_3=(2,3,6)^{\mathrm{T}},\boldsymbol{\alpha}_4=(-1,1,5)^{\mathrm{T}}$，$\boldsymbol{A}$ 是三阶矩阵，且有 $\boldsymbol{A}\boldsymbol{\alpha}_1=\boldsymbol{\alpha}_2,\boldsymbol{A}\boldsymbol{\alpha}_2=\boldsymbol{\alpha}_3,\boldsymbol{A}\boldsymbol{\alpha}_3=\boldsymbol{\alpha}_4$，试求 $\boldsymbol{A}\boldsymbol{\alpha}_4$.

4.4.3　向量组的线性相关性

一、选择题.

1. 对任意的a,b,c，下列向量组中一定线性无关的是(　　).

A. $\boldsymbol{\alpha}_1=(a)$，$\boldsymbol{\alpha}_2=(b)$，$\boldsymbol{\alpha}_3=(c)$

B. $\boldsymbol{\alpha}_1=(a,b)$，$\boldsymbol{\alpha}_2=(b,c)$，$\boldsymbol{\alpha}_3=(c,a)$

C. $\boldsymbol{\alpha}_1=(1,a,3)$，$\boldsymbol{\alpha}_2=(2,3,b)$，$\boldsymbol{\alpha}_3=(0,0,c)$

D. $\boldsymbol{\alpha}_1=(1,a,0,0)$，$\boldsymbol{\alpha}_2=(0,b,1,0)$，$\boldsymbol{\alpha}_3=(0,c,0,1)$

2. 已知$\boldsymbol{\alpha},\boldsymbol{\beta},\boldsymbol{\gamma}$线性无关, 则下列向量组中一定线性无关的是(　　).

A. $\boldsymbol{\alpha}+\boldsymbol{\beta}+2\boldsymbol{\gamma}$, $\boldsymbol{\alpha}-2\boldsymbol{\beta}+\boldsymbol{\gamma}$, $2\boldsymbol{\alpha}-\boldsymbol{\beta}+3\boldsymbol{\gamma}$

B. $5\boldsymbol{\alpha}-3\boldsymbol{\beta}+\boldsymbol{\gamma}$, $2\boldsymbol{\alpha}+\boldsymbol{\beta}-\boldsymbol{\gamma}$, $3\boldsymbol{\alpha}-4\boldsymbol{\beta}+2\boldsymbol{\gamma}$

C. $3\boldsymbol{\alpha}+2\boldsymbol{\beta}+4\boldsymbol{\gamma}$, $\boldsymbol{\alpha}-\boldsymbol{\beta}+\boldsymbol{\gamma}$, $5\boldsymbol{\alpha}+5\boldsymbol{\beta}+7\boldsymbol{\gamma}$

D. $2\boldsymbol{\alpha}+5\boldsymbol{\beta}-3\boldsymbol{\gamma}$, $7\boldsymbol{\alpha}-\boldsymbol{\beta}-\boldsymbol{\gamma}$, $\boldsymbol{\alpha}-\boldsymbol{\beta}-\boldsymbol{\gamma}$

3. 向量组$\boldsymbol{\alpha}_1,\boldsymbol{\alpha}_2,\cdots,\boldsymbol{\alpha}_s$线性相关的充要条件是(　　).

A. $\boldsymbol{\alpha}_1,\boldsymbol{\alpha}_2,\cdots,\boldsymbol{\alpha}_s$中至少有一个向量为零向量

B. $\boldsymbol{\alpha}_1,\boldsymbol{\alpha}_2,\cdots,\boldsymbol{\alpha}_s$中至少有两个向量成比例

C. $\boldsymbol{\alpha}_1,\boldsymbol{\alpha}_2,\cdots,\boldsymbol{\alpha}_s$中至少有一个向量可以表示为其余向量的线性组合

D. $\boldsymbol{\alpha}_1,\boldsymbol{\alpha}_2,\cdots,\boldsymbol{\alpha}_s$中每一个向量都可以表示为其余向量的线性组合

4. 若存在一组数$k_1=k_2=\cdots=k_m=0$，使$k_1\boldsymbol{\alpha}_1+k_2\boldsymbol{\alpha}_2+\cdots+k_m\boldsymbol{\alpha}_m=\boldsymbol{0}$成立, 则向量组$\boldsymbol{\alpha}_1,\boldsymbol{\alpha}_2,\cdots,\boldsymbol{\alpha}_m$(　　).

A. 线性相关　　B. 线性无关

C. 可能线性相关也可能线性无关　　D. 部分线性相关

5. 设向量$\boldsymbol{\alpha}_1=(a_1,b_1,c_1),\boldsymbol{\alpha}_2=(a_2,b_2,c_2),\boldsymbol{\beta}_1=(a_1,b_1,c_1,d_1),\boldsymbol{\beta}_2=(a_2,b_2,c_2,d_2)$，下列命题中正确的是(　　).

A. 若$\boldsymbol{\alpha}_1,\boldsymbol{\alpha}_2$线性相关, 则必有$\boldsymbol{\beta}_1,\boldsymbol{\beta}_2$线性相关

B. 若$\boldsymbol{\alpha}_1,\boldsymbol{\alpha}_2$线性无关, 则必有$\boldsymbol{\beta}_1,\boldsymbol{\beta}_2$线性无关

C. 若$\boldsymbol{\beta}_1,\boldsymbol{\beta}_2$线性相关, 则必有$\boldsymbol{\alpha}_1,\boldsymbol{\alpha}_2$线性无关

D. 若$\boldsymbol{\beta}_1,\boldsymbol{\beta}_2$线性无关, 则必有$\boldsymbol{\alpha}_1,\boldsymbol{\alpha}_2$线性相关

二、填空题.

1. 设向量组$\boldsymbol{\alpha}_1=\begin{pmatrix}1\\1\\1\end{pmatrix},\boldsymbol{\alpha}_2=\begin{pmatrix}0\\1\\1\end{pmatrix},\boldsymbol{\alpha}_3=\begin{pmatrix}1\\2\\k\end{pmatrix}$线性相关, 则$k=$__________.

2. 设三维列向量$\boldsymbol{\alpha}_1,\boldsymbol{\alpha}_2,\boldsymbol{\alpha}_3$线性无关，$\boldsymbol{A}$为三阶方阵且$\boldsymbol{A}\boldsymbol{\alpha}_1=\boldsymbol{\alpha}_1+2\boldsymbol{\alpha}_2+3\boldsymbol{\alpha}_3,\boldsymbol{A}\boldsymbol{\alpha}_2=4\boldsymbol{\alpha}_2+5\boldsymbol{\alpha}_3,\boldsymbol{A}\boldsymbol{\alpha}_3=6\boldsymbol{\alpha}_3$，则$|\boldsymbol{A}|=$__________.

三、判断下列向量组的线性相关性.

1. $\boldsymbol{\alpha}_1=(1,2,1,1)^{\mathrm{T}},\boldsymbol{\alpha}_2=(1,1,2,-1)^{\mathrm{T}},\boldsymbol{\alpha}_3=(3,4,5,1)^{\mathrm{T}}$.

2. $\boldsymbol{\alpha}_1=(2,1,1,1)^{\mathrm{T}},\boldsymbol{\alpha}_2=\left(2,1,\frac{1}{2},\frac{1}{2}\right)^{\mathrm{T}},\boldsymbol{\alpha}_3=\left(3,2,1,\frac{1}{2}\right)^{\mathrm{T}},\boldsymbol{\alpha}_4=(4,3,2,1)^{\mathrm{T}}$.

四、设向量组$\boldsymbol{a}_1,\boldsymbol{a}_2,\boldsymbol{a}_3,\boldsymbol{a}_4$线性相关，向量组$\boldsymbol{a}_2,\boldsymbol{a}_3,\boldsymbol{a}_4,\boldsymbol{a}_5$线性无关，证明:

(1) $\boldsymbol{a}_1$能由$\boldsymbol{a}_2,\boldsymbol{a}_3,\boldsymbol{a}_4$线性表示;

(2) $\boldsymbol{a}_5$不能由$\boldsymbol{a}_2,\boldsymbol{a}_3,\boldsymbol{a}_4,\boldsymbol{a}_5$线性表示.

五、已知$\boldsymbol{\alpha}_1,\boldsymbol{\alpha}_2,\cdots,\boldsymbol{\alpha}_s,\boldsymbol{\beta}$线性无关，证明$\boldsymbol{\alpha}_1+\boldsymbol{\beta},\boldsymbol{\alpha}_2+\boldsymbol{\beta},\cdots,\boldsymbol{\alpha}_s+\boldsymbol{\beta}$也线性无关.

4.4.4 向量组的秩

一、判断题.

1. 向量组的秩等于它的最大线性无关组的个数.　(　　)

2. 初等行变换不改变矩阵行向量组之间的线性关系.　(　　)

3. 向量组的秩是唯一的.　(　　)

4. 若向量组 A 与其部分组 A_0 等价, 则 A_0 为 A 的最大线性无关组.　(　　)

二、选择题.

1. 已知 $\boldsymbol{\alpha}_5$ 是 $\boldsymbol{\alpha}_1,\boldsymbol{\alpha}_2,\boldsymbol{\alpha}_3,\boldsymbol{\alpha}_4$ 的线性组合, 且表示法唯一, 则向量组 $\boldsymbol{\alpha}_1,\boldsymbol{\alpha}_2,\boldsymbol{\alpha}_3,\boldsymbol{\alpha}_4,\boldsymbol{\alpha}_5$ 的秩为(　　).

A. 1　　B. 2

C. 3　　D. 4

2. 向量组 A 的秩 $R(A)=r$, 则下列说法不成立的是(　　).

A. 向量组 A 中至少有一个 r 个向量的部分组线性无关

B. 向量组 A 中任意 r 个向量的线性无关部分组与向量组 A 可相互线性表示

C. 向量组 A 中任意 r 个向量的部分组皆线性无关

D. 向量组 A 中任意 $r+1$ 个向量的部分组(如果存在)皆线性相关

3. 设 $\boldsymbol{A}$ 为 6×4 的矩阵, 且 $R(\boldsymbol{A})=4$, 则下列结论中不正确的是(　　).

A. $\boldsymbol{A}$ 的行向量线性相关

B. $\boldsymbol{A}$ 中至少有一个四阶子式不为零

C. $\boldsymbol{A}$ 的列向量线性无关

D. 齐次方程组 $\boldsymbol{Ax}=\boldsymbol{0}$ 有非零解

4. 向量组 $\boldsymbol{\alpha}_1=\begin{pmatrix}1\\1\\0\end{pmatrix},\boldsymbol{\alpha}_2=\begin{pmatrix}1\\0\\0\end{pmatrix},\boldsymbol{\alpha}_3=\begin{pmatrix}1\\1\\1\end{pmatrix},\boldsymbol{\alpha}_4=\begin{pmatrix}0\\0\\1\end{pmatrix}$ 的最大线性无关组是(　　).

A. $\boldsymbol{\alpha}_1,\boldsymbol{\alpha}_2$　　B. $\boldsymbol{\alpha}_2,\boldsymbol{\alpha}_4$　　C. $\boldsymbol{\alpha}_1,\boldsymbol{\alpha}_3,\boldsymbol{\alpha}_4$　　D. $\boldsymbol{\alpha}_1,\boldsymbol{\alpha}_2,\boldsymbol{\alpha}_3$

5. 已知矩阵 $\boldsymbol{A}=(\boldsymbol{\alpha}_1,\boldsymbol{\alpha}_2,\boldsymbol{\alpha}_3,\boldsymbol{\alpha}_4)$ 经初等行变换化为 $\begin{pmatrix}1&1&1&3\\0&1&1&2\\0&0&1&1\end{pmatrix}$, 则必有(　　).

A. $\boldsymbol{\alpha}_4=\boldsymbol{\alpha}_1+\boldsymbol{\alpha}_2+\boldsymbol{\alpha}_3$　　B. $\boldsymbol{\alpha}_4=3\boldsymbol{\alpha}_1+2\boldsymbol{\alpha}_2+\boldsymbol{\alpha}_3$

C. $\boldsymbol{\alpha}_4=-2\boldsymbol{\alpha}_1+\boldsymbol{\alpha}_2+\boldsymbol{\alpha}_3$　　D. $\boldsymbol{\alpha}_1,\boldsymbol{\alpha}_2,\boldsymbol{\alpha}_3,\boldsymbol{\alpha}_4$ 线性无关

三、填空题.

1. 向量组 $\boldsymbol{\alpha}_1,\boldsymbol{\alpha}_2,\boldsymbol{\alpha}_3$ 线性相关, 向量组 $\boldsymbol{\alpha}_2,\boldsymbol{\alpha}_3,\boldsymbol{\alpha}_4$ 线性无关, 则向量组 $\boldsymbol{\alpha}_1,\boldsymbol{\alpha}_2,\boldsymbol{\alpha}_3,\boldsymbol{\alpha}_4$ 的秩 $R(\boldsymbol{\alpha}_1,\boldsymbol{\alpha}_2,\boldsymbol{\alpha}_3,\boldsymbol{\alpha}_4)=$____________.

2. 如果 n 维单位坐标向量组 $\boldsymbol{e}_1,\boldsymbol{e}_2,\cdots,\boldsymbol{e}_n$ 可以由 n 维向量组 $\boldsymbol{a}_1,\boldsymbol{a}_2,\cdots,\boldsymbol{a}_n$ 线性表示, 则向量组 $\boldsymbol{a}_1,\boldsymbol{a}_2,\cdots,\boldsymbol{a}_n$ 线性____________.

四、设向量组 $\boldsymbol{\alpha}_1=(1,1,0,0),\boldsymbol{\alpha}_2=(1,2,1,-1),\boldsymbol{\alpha}_3=(0,1,1,-1),\boldsymbol{\alpha}_4=(1,3,2,1),\boldsymbol{\alpha}_5=(2,6,4,-1)$. 试求向量组的秩及其一个最大线性无关组，并将其余向量用这个最大线性无关组线性表示.

五、给定向量组 $\boldsymbol{a}_1=(1,-1,0,4),\boldsymbol{a}_2=(2,1,5,6),\boldsymbol{a}_3=(1,-1,-2,0),\boldsymbol{a}_4=(3,0,7,k)$. 当 k 为何值时，向量组 $\boldsymbol{a}_1,\boldsymbol{a}_2,\boldsymbol{a}_3,\boldsymbol{a}_4$ 线性相关？当向量组线性相关时，求出最大线性无关组，并将其余向量用最大线性无关组线性表示.

4.4.5　线性方程组的解的结构

一、选择题.

1. 设$m\times n$矩阵$\boldsymbol{A}$的秩$R(\boldsymbol{A})=n-3(n>3)$，$\boldsymbol{\alpha},\boldsymbol{\beta},\boldsymbol{\gamma}$是齐次线性方程组$\boldsymbol{Ax}=\boldsymbol{0}$的三个线性无关的解向量, 则方程组$\boldsymbol{Ax}=\boldsymbol{0}$的基础解系为(　　).

A. $\boldsymbol{\alpha},\boldsymbol{\beta},\boldsymbol{\alpha}+\boldsymbol{\beta}$　　B. $\boldsymbol{\beta},\boldsymbol{\gamma},\boldsymbol{\gamma}-\boldsymbol{\beta}$

C. $\boldsymbol{\alpha}-\boldsymbol{\beta},\boldsymbol{\beta}-\boldsymbol{\gamma},\boldsymbol{\gamma}-\boldsymbol{\alpha}$　　D. $\boldsymbol{\alpha},\boldsymbol{\alpha}+\boldsymbol{\beta},\boldsymbol{\alpha}+\boldsymbol{\beta}+\boldsymbol{\gamma}$

2. 设 3 元非齐次线性方程组$\boldsymbol{Ax}=\boldsymbol{b}$的两个解为$\boldsymbol{\alpha}=(1,0,2)^{\mathrm{T}},\boldsymbol{\beta}=(1,-1,3)^{\mathrm{T}}$，且系数矩阵$\boldsymbol{A}$的秩$R(\boldsymbol{A})=2$，则对于任意常数$k,k_1,k_2$, 方程组的通解可表示为(　　).

A. $k_1(1,0,2)^{\mathrm{T}}+k_2(1,-1,3)^{\mathrm{T}}$　　B. $(1,0,2)^{\mathrm{T}}+k(1,-1,3)^{\mathrm{T}}$

C. $(1,0,2)^{\mathrm{T}}+k(0,1,-1)^{\mathrm{T}}$　　D. $(1,0,2)^{\mathrm{T}}+k(2,-1,5)^{\mathrm{T}}$

3. 已知方程组$\boldsymbol{A}_{m\times n}\boldsymbol{x}=\boldsymbol{0}$的两个不同解向量为$\varsigma,\xi$, 且$R(\boldsymbol{A})=n-1$. 如果$k$为任意常数, 则该方程组的通解为(　　).

A. $k\varsigma$　　B. $k\xi$　　C. $k(\varsigma+\xi)$　　D. $k(\varsigma-\xi)$

4. $\boldsymbol{\eta}_1,\boldsymbol{\eta}_2,\boldsymbol{\eta}_3$是齐次线性方程组$\boldsymbol{Ax}=\boldsymbol{0}$的三个不同的解, 给出四个断言:

①如果$\boldsymbol{\eta}_1,\boldsymbol{\eta}_2,\boldsymbol{\eta}_3$和$\boldsymbol{Ax}=\boldsymbol{0}$的一个基础解系等价, 则$\boldsymbol{\eta}_1,\boldsymbol{\eta}_2,\boldsymbol{\eta}_3$也是$\boldsymbol{Ax}=\boldsymbol{0}$的基础解系;

②如果$\boldsymbol{\eta}_1,\boldsymbol{\eta}_2,\boldsymbol{\eta}_3$是$\boldsymbol{Ax}=\boldsymbol{0}$的一个基础解系, 则$\boldsymbol{Ax}=\boldsymbol{0}$的每个解都可以用$\boldsymbol{\eta}_1,\boldsymbol{\eta}_2,\boldsymbol{\eta}_3$线性表示, 并且表示方式唯一;

③如果$\boldsymbol{Ax}=\boldsymbol{0}$的每个解都可以用$\boldsymbol{\eta}_1,\boldsymbol{\eta}_2,\boldsymbol{\eta}_3$线性表示, 并且表示方式唯一, 则$\boldsymbol{\eta}_1,\boldsymbol{\eta}_2,\boldsymbol{\eta}_3$是$\boldsymbol{Ax}=\boldsymbol{0}$的一个基础解系;

④如果$n-R(\boldsymbol{A})=3$，且$\boldsymbol{Ax}=\boldsymbol{0}$的每个解都可以用$\boldsymbol{\eta}_1,\boldsymbol{\eta}_2,\boldsymbol{\eta}_3$线性表示, 则$\boldsymbol{\eta}_1,\boldsymbol{\eta}_2,\boldsymbol{\eta}_3$是$\boldsymbol{Ax}=\boldsymbol{0}$的一个基础解系.

其中正确的为(　　).

A. ①②③　　B. ②③④

C. ①②③④　　D. ②③

二、填空题.

1. 若 3 元齐次线性方程组$\boldsymbol{Ax}=\boldsymbol{0}$的基础解系含两个解向量, 则矩阵$\boldsymbol{A}$的秩等于__________.

2. 已知四阶方阵$\boldsymbol{A}=(\boldsymbol{\alpha}_1,\boldsymbol{\alpha}_2,\boldsymbol{\alpha}_3,\boldsymbol{\alpha}_4)$且$\boldsymbol{\alpha}_1,\boldsymbol{\alpha}_2,\boldsymbol{\alpha}_3$线性无关，$\boldsymbol{\alpha}_4=2\boldsymbol{\alpha}_1-\boldsymbol{\alpha}_2$，则方程组$\boldsymbol{Ax}=\boldsymbol{0}$的通解为__________.

三、求齐次线性方程组$\begin{cases}x_1+x_2-x_3-x_4=0,\\2x_1-5x_2+3x_3+2x_4=0,\\5x_1-2x_2-x_4=0\end{cases}$的基础解系和通解.

四、求非齐次线性方程组$\begin{cases}2x_1+x_2-x_3+x_4=1,\\4x_1+2x_2-2x_3+x_4=2,\\2x_1+x_2-x_3-x_4=1\end{cases}$的通解，并写出它的导出组的基础解系.

五、当a取何值时，线性方程组$\begin{cases}x_1+x_2+2x_3+3x_4=1,\\x_1+3x_2+6x_3+x_4=3,\\x_1+5x_2+10x_3-x_4=5,\\3x_1+5x_2+10x_3+7x_4=a\end{cases}$有解？在方程组有解时，用其导出组的基础解系表示方程组的通解.

六、设四元非齐次线性方程组的系数矩阵的秩为 3，已知$\boldsymbol{\eta}_1,\boldsymbol{\eta}_2,\boldsymbol{\eta}_3$是它的三个解向量，且$\boldsymbol{\eta}_1=(2,3,4,5)^{\mathrm{T}}$，$\boldsymbol{\eta}_2+\boldsymbol{\eta}_3=(1,2,3,4)^{\mathrm{T}}$，求该方程组的通解.

4.5 A 组总复习题 4

一、选择题.

1. 设 $\boldsymbol{A}$ 为 $m\times n$ 矩阵, 则有(　　).

A. 若 $m<n$, 则 $\boldsymbol{Ax}=\boldsymbol{b}$ 有无穷多解

B. 若 $m<n$, 则 $\boldsymbol{Ax}=\boldsymbol{0}$ 有非零解, 且基础解系含有 $n-m$ 个线性无关的解向量

C. 若 $\boldsymbol{A}$ 有 n 阶子式不为零, 则 $\boldsymbol{Ax}=\boldsymbol{b}$ 有唯一解

D. 若 $\boldsymbol{A}$ 有 n 阶子式不为零, 则 $\boldsymbol{Ax}=\boldsymbol{0}$ 仅有零解

2. 齐次线性方程组 $\boldsymbol{A}_{m\times n}\boldsymbol{x}=\boldsymbol{0}$ 有非零解的充分必要条件是(　　).

A. $\boldsymbol{A}$ 的列向量组线性相关　　B. $\boldsymbol{A}$ 的列向量组线性无关

C. $\boldsymbol{A}$ 的行向量组线性相关　　D. $\boldsymbol{A}$ 的行向量组线性无关

3. 向量组 $\boldsymbol{\alpha}_1,\boldsymbol{\alpha}_2,\cdots,\boldsymbol{\alpha}_s$ 线性无关的充要条件是(　　).

A. $\boldsymbol{\alpha}_1,\boldsymbol{\alpha}_2,\cdots,\boldsymbol{\alpha}_s$ 都不是零向量

B. $\boldsymbol{\alpha}_1,\boldsymbol{\alpha}_2,\cdots,\boldsymbol{\alpha}_s$ 中任意两个向量都不成比例

C. $\boldsymbol{\alpha}_1,\boldsymbol{\alpha}_2,\cdots,\boldsymbol{\alpha}_s$ 中任意一个向量都不能表示为其余向量的线性组合

D. $\boldsymbol{\alpha}_1,\boldsymbol{\alpha}_2,\cdots,\boldsymbol{\alpha}_s$ 中任意 $s-1$ 个向量都线性无关

4. 设 $\boldsymbol{A}$ 为 n 阶方阵, $R(\boldsymbol{A})=n-4$, 且 $\boldsymbol{\eta}_1,\boldsymbol{\eta}_2,\boldsymbol{\eta}_3,\boldsymbol{\eta}_4$ 是齐次方程组 $\boldsymbol{Ax}=\boldsymbol{0}$ 的四个线性无关的解向量, 则此方程组的基础解系可以选用(　　).

A. $\boldsymbol{\eta}_1+\boldsymbol{\eta}_2,\boldsymbol{\eta}_2+\boldsymbol{\eta}_3,\boldsymbol{\eta}_3+\boldsymbol{\eta}_4,\boldsymbol{\eta}_4+\boldsymbol{\eta}_1$

B. $\boldsymbol{\eta}_1-\boldsymbol{\eta}_2,\boldsymbol{\eta}_2-\boldsymbol{\eta}_3,\boldsymbol{\eta}_3-\boldsymbol{\eta}_4,\boldsymbol{\eta}_4-\boldsymbol{\eta}_1$

C. 与 $\boldsymbol{\eta}_1,\boldsymbol{\eta}_2,\boldsymbol{\eta}_3,\boldsymbol{\eta}_4$ 等秩的向量组 $\boldsymbol{\alpha}_1,\boldsymbol{\alpha}_2,\boldsymbol{\alpha}_3,\boldsymbol{\alpha}_4$

D. 与 $\boldsymbol{\eta}_1,\boldsymbol{\eta}_2,\boldsymbol{\eta}_3,\boldsymbol{\eta}_4$ 等价的向量组 $\boldsymbol{\beta}_1,\boldsymbol{\beta}_2,\boldsymbol{\beta}_3,\boldsymbol{\beta}_4$

5. 如果 $A_0:\boldsymbol{\alpha}_1,\boldsymbol{\alpha}_2,\cdots,\boldsymbol{\alpha}_r$ 是向量组 A 的一个线性无关部分组,

① 向量组 A_0 可以由 A 线性表示;

② 向量组 A 的秩为 r;

③ A 与 A_0 等价;

④ A 中任意 $r+1$ 个向量皆线性相关;

⑤ 向量组 A 可以由 A_0 线性表示;

⑥ 对于向量组 A 中的任意向量 $\boldsymbol{\beta}$, 线性方程组 $\boldsymbol{A}_0\boldsymbol{x}=\boldsymbol{\beta}$ 有解, 这里 $\boldsymbol{A}_0$ 表示以 $\boldsymbol{\alpha}_1,\boldsymbol{\alpha}_2,\cdots,\boldsymbol{\alpha}_r$ 为列向量构成的矩阵.

以上条件中能作为向量组 A_0 是 A 的最大无关组的充分必要条件是(　　).

A. 只有①②③④　　B. 只有②③④⑤

C. 只有②③④⑤⑥　　D. ①②③④⑤⑥

二、填空题.

1. 设行向量组(2, 1, 1, 1), (2, 1, a, a), (3, 2, 1, a), (4, 3, 2, 1)线性相关, 且 $a\neq 1$, 则 $a=$____________.

2. 设矩阵 $\boldsymbol{A}=(\boldsymbol{a}_1,\boldsymbol{a}_2,\boldsymbol{a}_3,\boldsymbol{a}_4)$，其中 $\boldsymbol{a}_2,\boldsymbol{a}_3,\boldsymbol{a}_4$ 线性无关，$\boldsymbol{a}_1=\boldsymbol{a}_2-\boldsymbol{a}_3+2\boldsymbol{a}_4$．向量 $\boldsymbol{b}=\boldsymbol{a}_1+2\boldsymbol{a}_2+3\boldsymbol{a}_3+4\boldsymbol{a}_4$，则线性方程组 $\boldsymbol{Ax}=\boldsymbol{b}$ 的通解为__________.

三、解答题.

1. 设 $\boldsymbol{\alpha}_1=(1,0,2,3)$，$\boldsymbol{\alpha}_2=(1,1,3,5)$，$\boldsymbol{\alpha}_3=(1,-1,a+2,1)$，$\boldsymbol{\alpha}_4=(1,2,4,a+8)$ 及 $\boldsymbol{\beta}=(1,1,b+3,5)$，求

(1) a,b 为何值时，$\boldsymbol{\beta}$ 不能表示成 $\boldsymbol{\alpha}_1,\boldsymbol{\alpha}_2,\boldsymbol{\alpha}_3,\boldsymbol{\alpha}_4$ 的线性组合?

(2) a,b 为何值时，$\boldsymbol{\beta}$ 有 $\boldsymbol{\alpha}_1,\boldsymbol{\alpha}_2,\boldsymbol{\alpha}_3,\boldsymbol{\alpha}_4$ 的唯一的线性表示式? 并写出该表示式.

2. 设向量组 $\boldsymbol{\alpha}_1=(1,-1,2,1)^{\mathrm{T}},\boldsymbol{\alpha}_2=(2,-2,4,-2)^{\mathrm{T}},\boldsymbol{\alpha}_3=(3,0,6,-1)^{\mathrm{T}},\boldsymbol{\alpha}_4=(0,3,0,4)^{\mathrm{T}}$.

(1) 求向量组的秩和一个最大线性无关组;

(2) 将其余向量表示为该最大线性无关组的线性组合.

3. 求齐次线性方程组 $\begin{cases}x_1+x_2+x_3+4x_4-3x_5=0,\\2x_1+x_2+3x_3+5x_4-5x_5=0,\\x_1-x_2+3x_3-2x_4-x_5=0,\\3x_1+x_2+5x_3+6x_4-7x_5=0\end{cases}$ 的基础解系和通解.

4. 设 3 元非齐次线性方程组 $\begin{cases}x_1+2x_2=3,\\4x_1+7x_2+x_3=10,\\x_2-x_3=b,\\2x_1+3x_2+ax_3=4.\end{cases}$

(1) 试判定当 a,b 为何值时，方程组有无穷多个解?

(2) 当方程组有无穷多解时，求出其通解. (要求用它的一个特解和它导出组的基础解系表示).

5. 已知 $\boldsymbol{\eta}_1,\boldsymbol{\eta}_2,\boldsymbol{\eta}_3$ 是三元非线性方程组 $\boldsymbol{Ax}=\boldsymbol{b}$ 的解，且 $R(\boldsymbol{A})=1$ 及

$$\boldsymbol{\eta}_1+\boldsymbol{\eta}_2=\begin{pmatrix}1\\0\\0\end{pmatrix},\quad \boldsymbol{\eta}_2+\boldsymbol{\eta}_3=\begin{pmatrix}1\\1\\0\end{pmatrix},\quad \boldsymbol{\eta}_1+\boldsymbol{\eta}_3=\begin{pmatrix}1\\1\\1\end{pmatrix},$$

求线性方程组 $\boldsymbol{Ax}=\boldsymbol{b}$ 的通解.

6. 线性方程组

$$\text{(i)}\ \begin{cases}x_1+2x_2+x_3-x_4=0,\\2x_1+3x_2+x_3-3x_4=0,\\x_1+x_2+ax_4=0\end{cases}\quad 与\quad \text{(ii)}\ \begin{cases}3x_1+5x_2+2x_3-4x_4=0,\\x_1+x_2+x_3+x_4=0,\\x_1+bx_2+2x_3=0\end{cases}$$

有公共的非零解，求 a,b 的值和全部公共解.

四、证明题.

2. 设 $\boldsymbol{\eta}^*$ 是非齐次线性方程组 $\boldsymbol{Ax}=\boldsymbol{b}$ 的一个解，$\xi_1,\cdots,\xi_{n-r}$ 是对应的齐次线性方程组的一个基础解系，证明:

(1) $\boldsymbol{\eta}^*,\xi_1,\cdots,\xi_{n-r}$ 线性无关;

(2) $\boldsymbol{\eta}^*,\boldsymbol{\eta}^*+\xi_1,\cdots,\boldsymbol{\eta}^*+\xi_{n-r}$ 线性无关.

2. 设 $\boldsymbol{A}$ 为 $m\times n$ 矩阵, 证明: 若 $\boldsymbol{AX}=\boldsymbol{AY}$, 且 $R(\boldsymbol{A})=n$, 则 $\boldsymbol{X}=\boldsymbol{Y}$.

3. 设向量组 $\boldsymbol{\beta}_1,\boldsymbol{\beta}_2,\cdots,\boldsymbol{\beta}_r$ 能由向量组 $\boldsymbol{\alpha}_1,\boldsymbol{\alpha}_2,\cdots,\boldsymbol{\alpha}_s$ 线性表示为 $(\boldsymbol{\beta}_1,\boldsymbol{\beta}_2,\cdots,\boldsymbol{\beta}_r)=(\boldsymbol{\alpha}_1,\boldsymbol{\alpha}_2,\cdots,\boldsymbol{\alpha}_s)\boldsymbol{K}$, 其中 $\boldsymbol{K}$ 为 $s\times r$ 矩阵, 且 $\boldsymbol{\alpha}_1,\boldsymbol{\alpha}_2,\cdots,\boldsymbol{\alpha}_s$ 线性无关, 证明: $\boldsymbol{\beta}_1,\boldsymbol{\beta}_2,\cdots,\boldsymbol{\beta}_r$ 线性无关的充分必要条件是 $R(\boldsymbol{K})=r$.

4. 已知 $\boldsymbol{\alpha}_1,\boldsymbol{\alpha}_2,\cdots,\boldsymbol{\alpha}_s,\boldsymbol{\beta}$ 线性无关, 证明 $\boldsymbol{\alpha}_1+\boldsymbol{\beta},\boldsymbol{\alpha}_2+\boldsymbol{\beta},\cdots,\boldsymbol{\alpha}_s+\boldsymbol{\beta}$ 也线性无关.

5. 证明: 若向量 $\boldsymbol{\alpha},\boldsymbol{\beta},\boldsymbol{\gamma}$ 线性无关, 则 $\boldsymbol{\alpha}+\boldsymbol{\beta},\boldsymbol{\beta}+\boldsymbol{\gamma},\boldsymbol{\gamma}+\boldsymbol{\alpha}$ 也线性无关. 并说明该结论对 4 个向量的情形是否成立.

4.6 B组总复习题4

一、选择题.

1. 已知3×4矩阵$\boldsymbol{B}\neq\boldsymbol{O}$，且$\boldsymbol{B}$的每一个列向量都是线性方程组$\begin{cases}2x_1+2x_2-2x_3=0,\\2x_1+x_2-x_3=0,\\-x_1+x_2+\lambda x_3=0\end{cases}$的解向量，则$R(\boldsymbol{B})=($　　$)$.

A. 0　　B. 1　　C. 2　　D. 3

2. 设$\boldsymbol{A}$是$m\times n$矩阵，非齐次线性方程组$\boldsymbol{Ax}=\boldsymbol{b}$有解的充分条件是(　　).

A. $R(\boldsymbol{A})=m$　　B. $\boldsymbol{A}$的行向量组线性相关

C. $R(\boldsymbol{A})=n$　　D. $\boldsymbol{A}$的列向量组线性相关

3. 齐次线性方程组$\boldsymbol{Ax}=\boldsymbol{0}$为$\begin{cases}x_1+x_2+x_3=0,\\x_1+tx_2+x_3=0,\\x_1+x_2+tx_3=0,\end{cases}$若存在三阶非零矩阵$\boldsymbol{B}$，使$\boldsymbol{AB}=\boldsymbol{O}$，则(　　).

A. $t=-2$，且$|\boldsymbol{B}|=0$　　B. $t=-2$，且$|\boldsymbol{B}|\neq0$

C. $t=1$，且$|\boldsymbol{B}|\neq0$　　D. $t=1$，且$|\boldsymbol{B}|=0$

4. 设$\boldsymbol{\beta}_1,\boldsymbol{\beta}_2$是非齐次线性方程组$\boldsymbol{Ax}=\boldsymbol{b}$的两个不同的解，$\boldsymbol{\alpha}_1,\boldsymbol{\alpha}_2$是对应齐次线性方程组$\boldsymbol{Ax}=\boldsymbol{0}$的基础解系，$k_1,k_2$为任意常数，则方程组$\boldsymbol{Ax}=\boldsymbol{b}$的通解为(　　).

A. $k_1\boldsymbol{\alpha}_1+k_2(\boldsymbol{\alpha}_1+\boldsymbol{\alpha}_2)+\dfrac{1}{2}(\boldsymbol{\beta}_1-\boldsymbol{\beta}_2)$　　B. $k_1\boldsymbol{\alpha}_1+k_2(\boldsymbol{\alpha}_1-\boldsymbol{\alpha}_2)+\dfrac{1}{2}(\boldsymbol{\beta}_1+\boldsymbol{\beta}_2)$

C. $k_1\boldsymbol{\alpha}_1+k_2(\boldsymbol{\beta}_1+\boldsymbol{\beta}_2)+\dfrac{1}{2}(\boldsymbol{\beta}_1-\boldsymbol{\beta}_2)$　　D. $k_1\boldsymbol{\alpha}_1+k_2(\boldsymbol{\beta}_1-\boldsymbol{\beta}_2)+\dfrac{1}{2}(\boldsymbol{\beta}_1+\boldsymbol{\beta}_2)$

5. 设三元齐次线性方程组$\begin{cases}x_1-3x_2+x_3=2,\\2x_1+x_2+ax_3=-1,\\7x_1-2x_3=-1\end{cases}$有两个线性无关的解向量，则$a=($　　$)$.

A. 1　　B. 0　　C. -1　　D. 2

6. 设$\boldsymbol{\alpha}_1,\boldsymbol{\alpha}_2,\boldsymbol{\alpha}_3$是四元线性方程组$\boldsymbol{Ax}=\boldsymbol{b}$的三个解向量，且$R(\boldsymbol{A})=3$，若$\boldsymbol{\alpha}_1+\boldsymbol{\alpha}_2=\begin{pmatrix}5\\9\\3\\2\end{pmatrix}$，$\boldsymbol{\alpha}_2-2\boldsymbol{\alpha}_3=\begin{pmatrix}8\\13\\-12\\6\end{pmatrix}$，$k$为任意常数，则线性方程组$\boldsymbol{Ax}=\boldsymbol{b}$的通解为(　　).

A. $\frac{1}{2}\begin{pmatrix}5\\9\\3\\2\end{pmatrix}+k\begin{pmatrix}3\\5\\15\\8\end{pmatrix}$　　B. $\begin{pmatrix}-8\\-13\\12\\-6\end{pmatrix}+k\begin{pmatrix}3\\5\\-3\\2\end{pmatrix}$

C. $\begin{pmatrix}13\\22\\-9\\8\end{pmatrix}+k\begin{pmatrix}3\\5\\15\\8\end{pmatrix}$　　D. $\begin{pmatrix}3\\4\\-15\\4\end{pmatrix}+k\begin{pmatrix}3\\5\\-3\\2\end{pmatrix}$

二、填空题.

1. 已知$\boldsymbol{\xi}_1=\begin{pmatrix}0\\0\\1\end{pmatrix}$，$\xi_2=\begin{pmatrix}1\\1\\1\end{pmatrix}$是线性方程组$\begin{cases}ax_1-x_2-2x_3=-2,\\bx_1-4x_2+3x_3=3,\\cx_1+x_2+x_3=d\end{cases}$的两个解，则方程组的通解为____________.

2. 四元方程组$\boldsymbol{Ax}=\boldsymbol{b}$的三个解向量为$\boldsymbol{\alpha}_1,\boldsymbol{\alpha}_2,\boldsymbol{\alpha}_3$，若$\boldsymbol{\alpha}_1+\boldsymbol{\alpha}_2+\boldsymbol{\alpha}_3=\begin{pmatrix}1\\2\\3\\4\end{pmatrix}$，$\boldsymbol{\alpha}_2+2\boldsymbol{\alpha}_3=\begin{pmatrix}3\\4\\5\\6\end{pmatrix}$，$R(\boldsymbol{A})=3$，则此方程组的通解为____________.

三、解答题.

1. 设有向量组(Ⅰ)$\boldsymbol{\alpha}_1=(1,0,2)^{\mathrm{T}},\boldsymbol{\alpha}_2=(1,1,3)^{\mathrm{T}},\boldsymbol{\alpha}_3=(1,-1,a+2)^{\mathrm{T}}$和向量组(Ⅱ)$\boldsymbol{\beta}_1=(1,2,a+3)^{\mathrm{T}},\boldsymbol{\beta}_2=(2,1,a+6)^{\mathrm{T}},\boldsymbol{\beta}_3=(2,1,a+4)^{\mathrm{T}}$，问$a$为何值时，向量组(Ⅰ)与向量组(Ⅱ)等价？$a$为何值时，向量组(Ⅰ)与向量组(Ⅱ)不等价？

2. 已知齐次线性方程组(i) $\begin{cases}x_1+2x_2+3x_3=0,\\2x_1+3x_2+5x_3=0,\\x_1+x_2+ax_3=0\end{cases}$和(ii) $\begin{cases}x_1+bx_2+cx_3=0,\\2x_1+b^2x_2+(c+1)x_3=0\end{cases}$同解，求$a,b,c$的值.

3. 已知三阶矩阵$\boldsymbol{A}$的第一行是(a,b,c)，a,b,c不全为零，矩阵$\boldsymbol{B}=\begin{pmatrix}1&2&3\\2&4&6\\3&6&k\end{pmatrix}$($k$为常数)，且$\boldsymbol{AB}=\boldsymbol{O}$，求线性方程组$\boldsymbol{Ax}=\boldsymbol{0}$的通解.

4. 求出一个齐次线性方程组，使得它的基础解系由下列向量组组成：

(1) $\boldsymbol{\xi}_1=\begin{pmatrix}-2\\1\\0\end{pmatrix}$，$\boldsymbol{\xi}_2=\begin{pmatrix}3\\0\\1\end{pmatrix}$；　　(2) $\boldsymbol{\xi}_1=\begin{pmatrix}1\\-2\\0\\3\\-1\end{pmatrix}$，$\boldsymbol{\xi}_2=\begin{pmatrix}2\\-3\\2\\5\\-3\end{pmatrix}$，$\boldsymbol{\xi}_3=\begin{pmatrix}1\\-2\\1\\2\\-2\end{pmatrix}$.

5. 设有四元齐次线性方程组(Ⅰ) $\begin{cases} x_1 + x_2 = 0, \\ x_2 - x_4 = 0, \end{cases}$ 又已知某四元齐次线性方程组(Ⅱ)的通解为 $k_1\begin{pmatrix} 0 \\ 1 \\ 1 \\ 0 \end{pmatrix} + k_2\begin{pmatrix} -1 \\ 2 \\ 2 \\ 1 \end{pmatrix}$.

(1) 求方程组(Ⅰ)的基础解系;

(2) 问方程组(Ⅰ)与(Ⅱ)是否有非零公共解? 若有, 求出全部非零公共解; 若没有, 则说明理由.

6. 已知三阶矩阵 $\boldsymbol{B} \neq \boldsymbol{O}$, 且 $\boldsymbol{B}$ 的每一列均为方程组 $\begin{cases} x_1 + x_2 - 2x_3 = 0, \\ 2x_1 - x_2 + \lambda x_3 = 0, \\ 3x_1 + x_2 - x_3 = 0 \end{cases}$ 的解向量, 求 λ 及 $|\boldsymbol{B}|$.

7. 已知三阶矩阵 $\boldsymbol{A}$ 与三维列向量 $\boldsymbol{x}$ 满足 $\boldsymbol{A}^3\boldsymbol{x} = 3\boldsymbol{A}\boldsymbol{x} - \boldsymbol{A}^2\boldsymbol{x}$, 且向量组 $\boldsymbol{x}, \boldsymbol{A}\boldsymbol{x}, \boldsymbol{A}^2\boldsymbol{x}$ 线性无关.

(1) 记 $\boldsymbol{P} = (\boldsymbol{x}, \boldsymbol{A}\boldsymbol{x}, \boldsymbol{A}^2\boldsymbol{x})$, 求三阶矩阵 $\boldsymbol{B}$, 使得 $\boldsymbol{AP} = \boldsymbol{PB}$;

(2) 求 $|\boldsymbol{A}|$.

四、证明题.

1. 设向量组 A: $\boldsymbol{a}_1, \boldsymbol{a}_2, \cdots, \boldsymbol{a}_s$ 的秩为 r_1, 向量组 B: $\boldsymbol{b}_1, \boldsymbol{b}_2, \cdots, \boldsymbol{b}_t$ 的秩为 r_2, 向量组 C: $\boldsymbol{a}_1, \boldsymbol{a}_2, \cdots, \boldsymbol{a}_s, \boldsymbol{b}_1, \boldsymbol{b}_2, \cdots, \boldsymbol{b}_r$ 的秩为 r_3, 证明: $\max\{r_1, r_2\} \leqslant r_3 \leqslant r_1 + r_2$.

2. 已知 $\boldsymbol{A}_{m\times n} = \boldsymbol{B}_{m\times s}\boldsymbol{C}_{s\times n}$, 且 $R(\boldsymbol{B}_{m\times s}) = s$, 证明方程组 $\boldsymbol{A}_{m\times n}\boldsymbol{x} = \boldsymbol{0}$ 与 $\boldsymbol{C}_{s\times n}\boldsymbol{x} = \boldsymbol{0}$ 同解.

3. 证明 $R(\boldsymbol{A}^{\mathrm{T}}\boldsymbol{A}) = R(\boldsymbol{A})$.

4. 设 $\boldsymbol{A}$ 是 n 阶矩阵, 且 $\boldsymbol{A}^2 = \boldsymbol{E}$, 证明: $R(\boldsymbol{A} + \boldsymbol{E}) + R(\boldsymbol{A} - \boldsymbol{E}) = n$.

5. 设非齐次线性方程组 $\boldsymbol{Ax} = \boldsymbol{b}$ 的系数矩阵的秩为 $r, \boldsymbol{\eta}_1, \cdots, \boldsymbol{\eta}_{n-r+1}$ 是它的 $n - r + 1$ 个线性无关的解. 试证它的任一解可表示为

$$\boldsymbol{x} = k_1\boldsymbol{\eta}_1 + k_2\boldsymbol{\eta}_2 + \cdots + k_{n-r+1}\boldsymbol{\eta}_{n-r+1} \quad (k_1 + \cdots + k_{n-r+1} = 1).$$

第 5 章　特征值与特征向量

5.1　知识点小结

5.1.1　向量的内积、长度及正交性

1. 内积及其性质

1) 向量的内积

设有 n 维向量 $\boldsymbol{x}=\begin{pmatrix}x_1\\x_2\\\vdots\\x_n\end{pmatrix}$, $\boldsymbol{y}=\begin{pmatrix}y_1\\y_2\\\vdots\\y_n\end{pmatrix}$，令 $[\boldsymbol{x},\boldsymbol{y}]=\boldsymbol{x}^{\mathrm{T}}\boldsymbol{y}=x_1y_1+x_2y_2+\cdots+x_ny_n$, 称 $[\boldsymbol{x},\boldsymbol{y}]$ 为向量 $\boldsymbol{x}$ 与 $\boldsymbol{y}$ 的**内积**.

2) 向量内积的性质

(1) $[\boldsymbol{x},\boldsymbol{y}]=[\boldsymbol{y},\boldsymbol{x}]$;

(2) $[\lambda\boldsymbol{x},\boldsymbol{y}]=\lambda[\boldsymbol{x},\boldsymbol{y}]$;

(3) $[\boldsymbol{x}+\boldsymbol{y},\boldsymbol{z}]=[\boldsymbol{x},\boldsymbol{z}]+[\boldsymbol{y},\boldsymbol{z}]$;

(4) $[\boldsymbol{x},\boldsymbol{x}]\geqslant 0$，当且仅当 $\boldsymbol{x}=\boldsymbol{0}$ 时，$[\boldsymbol{x},\boldsymbol{x}]=\boldsymbol{0}$.

2. 向量的长度与性质

1) 向量的长度

令 $\|\boldsymbol{x}\|=\sqrt{[\boldsymbol{x},\boldsymbol{x}]}=\sqrt{x_1^2+x_2^2+\cdots+x_n^2}$，称 $\|\boldsymbol{x}\|$ 为 n 维向量 $\boldsymbol{x}$ 的**长度(或范数)**.

2) 向量长度的性质

(1) **非负性**　$\|\boldsymbol{x}\|\geqslant 0$;

(2) **齐次性**　$\|\lambda\boldsymbol{x}\|=|\lambda|\|\boldsymbol{x}\|$;

(3) **三角不等式**　$\|\boldsymbol{x}+\boldsymbol{y}\|\leqslant\|\boldsymbol{x}\|+\|\boldsymbol{y}\|$;

(4) 对任意 n 维向量 $\boldsymbol{x},\boldsymbol{y}$，有 $|[\boldsymbol{x},\boldsymbol{y}]|\leqslant\|\boldsymbol{x}\|\cdot\|\boldsymbol{y}\|$.

3) 向量单位化

当 $\|\boldsymbol{x}\|=1$ 时，称 $\boldsymbol{x}$ 为**单位向量**.

对 $\mathbf{R}^n$ 中的任一非零向量 $\boldsymbol{\alpha}$，向量 $\dfrac{\boldsymbol{\alpha}}{\|\boldsymbol{\alpha}\|}$ 是一个单位向量，这一过程通常称为把**向量 $\boldsymbol{\alpha}$ 单位化**.

4) 向量的夹角

当$\|\boldsymbol{\alpha}\| \neq 0, \|\boldsymbol{\beta}\| \neq 0$时，定义

$$\theta = \arccos \frac{[\boldsymbol{\alpha}, \boldsymbol{\beta}]}{\|\boldsymbol{\alpha}\| \cdot \|\boldsymbol{\beta}\|} \quad (0 \leqslant \theta \leqslant \pi),$$

称θ为n维向量$\boldsymbol{\alpha}$与$\boldsymbol{\beta}$的夹角.

3. 正交向量组

(1) **正交向量** 若两向量$\boldsymbol{\alpha}$与$\boldsymbol{\beta}$的内积等于零，即

$$[\boldsymbol{\alpha}, \boldsymbol{\beta}] = 0,$$

则称向量$\boldsymbol{\alpha}$与$\boldsymbol{\beta}$相互**正交**(或垂直)，记作$\boldsymbol{\alpha} \perp \boldsymbol{\beta}$.

注：零向量与任何向量都正交.

(2) **正交向量组** 非零向量组中任意两个向量都正交，则称该向量组为**正交向量组**.

若一个正交向量组中每一个向量都是单位向量，则称此向量组为**正交规范向量组**或**标准正交向量组**.

(3) **正交向量组性质** 若$\boldsymbol{\alpha}_1, \boldsymbol{\alpha}_2, \cdots, \boldsymbol{\alpha}_n$是正交向量组，则$\boldsymbol{\alpha}_1, \boldsymbol{\alpha}_2, \cdots, \boldsymbol{\alpha}_n$线性无关.

4. 施密特正交化方法

正交规范向量组的求法 设$\boldsymbol{\alpha}_1, \cdots, \boldsymbol{\alpha}_r$是一组线性无关的向量组，将其化为一组与之等价的正交规范向量组，$\boldsymbol{\gamma}_1, \cdots, \boldsymbol{\gamma}_r$可按如下两个步骤进行.

(1) 施密特(Schmidt)正交化:

$$\boldsymbol{\beta}_1 = \boldsymbol{\alpha}_1;$$

$$\boldsymbol{\beta}_2 = \boldsymbol{\alpha}_2 - \frac{[\boldsymbol{\beta}_1, \boldsymbol{\alpha}_2]}{[\boldsymbol{\beta}_1, \boldsymbol{\beta}_1]} \boldsymbol{\beta}_1;$$

$$\cdots\cdots$$

$$\boldsymbol{\beta}_r = \boldsymbol{\alpha}_r - \frac{[\boldsymbol{\beta}_1, \boldsymbol{\alpha}_r]}{[\boldsymbol{\beta}_1, \boldsymbol{\beta}_1]} \boldsymbol{\beta}_1 - \frac{[\boldsymbol{\beta}_2, \boldsymbol{\alpha}_r]}{[\boldsymbol{\beta}_2, \boldsymbol{\beta}_2]} \boldsymbol{\beta}_2 - \cdots - \frac{[\boldsymbol{\beta}_{r-1}, \boldsymbol{\alpha}_r]}{[\boldsymbol{\beta}_{r-1}, \boldsymbol{\beta}_{r-1}]} \boldsymbol{\beta}_{r-1}.$$

可以验证$\boldsymbol{\beta}_1, \cdots, \boldsymbol{\beta}_r$两两正交，且$\boldsymbol{\beta}_1, \cdots, \boldsymbol{\beta}_r$与$\boldsymbol{\alpha}_1, \cdots, \boldsymbol{\alpha}_r$等价.

注：上述过程称为施密特正交化过程. 它不仅满足$\boldsymbol{\beta}_1, \cdots, \boldsymbol{\beta}_r$与$\boldsymbol{\alpha}_1, \cdots, \boldsymbol{\alpha}_r$等价，还满足：对任何$k(1 \leqslant k \leqslant r)$，向量组$\boldsymbol{\beta}_1, \cdots, \boldsymbol{\beta}_k$与$\boldsymbol{\alpha}_1, \cdots, \boldsymbol{\alpha}_k$等价.

(2) 单位化：取

$$\boldsymbol{\gamma}_1 = \frac{\boldsymbol{\beta}_1}{\|\boldsymbol{\beta}_1\|}, \ \boldsymbol{\gamma}_2 = \frac{\boldsymbol{\beta}_2}{\|\boldsymbol{\beta}_2\|}, \cdots, \ \boldsymbol{\gamma}_r = \frac{\boldsymbol{\beta}_r}{\|\boldsymbol{\beta}_r\|},$$

则$\boldsymbol{\gamma}_1, \cdots, \boldsymbol{\gamma}_r$是与$\boldsymbol{\alpha}_1, \cdots, \boldsymbol{\alpha}_r$等价的正交规范向量组.

5. 正交矩阵与正交变换

1) 正交矩阵的定义

若n阶方阵$\boldsymbol{A}$满足$\boldsymbol{A}^{\mathrm{T}} \boldsymbol{A} = \boldsymbol{E}$ (即$\boldsymbol{A}^{-1} = \boldsymbol{A}^{\mathrm{T}}$)，则称$\boldsymbol{A}$为正交矩阵，简称正交阵.

2) 正交矩阵的性质

(1) $\boldsymbol{A}$ 是正交矩阵, 则 $\boldsymbol{A}$ 一定可逆, $\boldsymbol{A}^{-1}=\boldsymbol{A}^{\mathrm{T}}$, 且 $\boldsymbol{A}^{-1},\boldsymbol{A}^{\mathrm{T}}$ 也是正交矩阵;

(2) $\boldsymbol{A}$ 是正交矩阵, 则 $|\boldsymbol{A}|=\pm 1$;

(3) 正交矩阵的乘积是正交矩阵;

(4) $\boldsymbol{A}$ 是正交矩阵的充要条件是 $\boldsymbol{A}$ 的行(列)向量组为正交规范向量组.

3) 正交变换

若 $\boldsymbol{P}$ 为正交矩阵, 则线性变换 $\boldsymbol{y}=\boldsymbol{P}\boldsymbol{x}$ 称为**正交变换**.

5.1.2　方阵的特征值与特征向量

1. 特征值与特征向量的定义

设 $\boldsymbol{A}$ 是 n 阶方阵, 如果数 λ 和 n 维非零向量 $\boldsymbol{x}$ 使

$$\boldsymbol{A}\boldsymbol{x}=\lambda\boldsymbol{x}$$

成立, 则称数 λ 为方阵 $\boldsymbol{A}$ 的**特征值**, 非零向量 $\boldsymbol{x}$ 称为 $\boldsymbol{A}$ 的对应于特征值 λ 的**特征向量**(或称为 $\boldsymbol{A}$ 的属于特征值 λ 的特征向量).

2. 特征值与特征向量的计算

$$\begin{aligned}&\boldsymbol{x}\text{ 称为 }\boldsymbol{A}\text{ 的对应于特征值 }\lambda\text{ 的特征向量}\\ \Leftrightarrow\ &\boldsymbol{A}\boldsymbol{x}=\lambda\boldsymbol{x},\ \boldsymbol{x}\neq\boldsymbol{0}\\ \Leftrightarrow\ &\text{齐次方程组 }(\boldsymbol{A}-\lambda\boldsymbol{E})\boldsymbol{x}=\boldsymbol{0}\text{ 有非零解}\\ \Leftrightarrow\ &\text{方阵 }(\boldsymbol{A}-\lambda\boldsymbol{E})\text{ 的行列式等于 0, 即 }|\boldsymbol{A}-\lambda\boldsymbol{E}|=0.\end{aligned}$$

特征值和特征向量的求解步骤:

(1) 求出 n 阶方阵 $\boldsymbol{A}$ 的特征多项式 $f(\lambda)=|\boldsymbol{A}-\lambda\boldsymbol{E}|$;

(2) 求出特征方程 $|\boldsymbol{A}-\lambda\boldsymbol{E}|=0$ 的全部根 $\lambda_1,\lambda_2,\cdots,\lambda_n$, 即 $\boldsymbol{A}$ 的特征值;

(3) 把每个 λ_i 代入齐次线性方程组 $(\boldsymbol{A}-\lambda_i\boldsymbol{E})\boldsymbol{X}=\boldsymbol{0}$, 求出基础解系, 就是 $\boldsymbol{A}$ 对应于 λ_i 的特征向量, 基础解系的线性组合(零向量除外)就是 $\boldsymbol{A}$ 对应于 λ_i 的全部特征向量.

3. 特征值与特征向量的性质

(1) n 阶矩阵 $\boldsymbol{A}$ 与它的转置矩阵 $\boldsymbol{A}^{\mathrm{T}}$ 有相同的特征值.

(2) 设 $\boldsymbol{A}=(a_{ij})$ 是 n 阶矩阵, $\lambda_1,\lambda_2,\cdots,\lambda_n$ 是 $\boldsymbol{A}$ 的 n 个特征值, 则

(i) $\lambda_1+\lambda_2+\cdots+\lambda_n=a_{11}+a_{22}+\cdots+a_{nn}$;

(ii) $\lambda_1\lambda_2\cdots\lambda_n=|\boldsymbol{A}|$,

其中 $\boldsymbol{A}$ 的全体特征值的和 $a_{11}+a_{22}+\cdots+a_{nn}$ 称为矩阵 $\boldsymbol{A}$ 的**迹**, 记为 $\mathrm{tr}(\boldsymbol{A})$.

(3) n 阶方阵 $\boldsymbol{A}$ 可逆的充分必要条件是它的任一特征值不等于零.

(4) 属于不同特征值的特征向量线性无关.

注: (i) 属于不同特征值的特征向量是线性无关的.

(ii) 属于同一特征值的特征向量的非零线性组合仍是属于这个特征值的特征向量.

(iii) 矩阵的特征向量总是相对于矩阵的特征值而言的, 一个特征值具有的特征向量不唯一; 一个特征向量不能属于不同的特征值.

(5) 设 λ 是方阵 $\boldsymbol{A}$ 的任一特征值, $\boldsymbol{p}$ 是所属的任一特征向量, 则

(i) $\forall k \in \mathbf{R}$, $k\lambda$ 是 $k\boldsymbol{A}$ 的特征值, $\boldsymbol{p}$ 是 $k\boldsymbol{A}$ 的属于 $k\lambda$ 的特征向量;

(ii) $\forall k \in \mathbf{N}$, λ^k 是 $\boldsymbol{A}^k$ 的特征值, $\boldsymbol{p}$ 是 $\boldsymbol{A}^k$ 的属于 λ^k 的特征向量;

(iii) 若 $f(\boldsymbol{A})$ 是 $\boldsymbol{A}$ 的多项式, 则 $f(\lambda)$ 是 $f(\boldsymbol{A})$ 的特征值, $\boldsymbol{p}$ 是 $f(\boldsymbol{A})$ 的属于 $f(\lambda)$ 的特征向量;

(iv) 若 $\boldsymbol{A}$ 可逆, 当 $\lambda \neq 0$ 时, 则 $\dfrac{1}{\lambda}$ 是 $\boldsymbol{A}^{-1}$ 的特征值, $\boldsymbol{p}$ 是 $\boldsymbol{A}^{-1}$ 的属于 $\dfrac{1}{\lambda}$ 的特征向量;

(v) 若 $\boldsymbol{A}$ 可逆, 当 $\lambda \neq 0$ 时, 则 $\dfrac{|\boldsymbol{A}|}{\lambda}$ 是 $\boldsymbol{A}^*$ 的特征值, $\boldsymbol{p}$ 是 $\boldsymbol{A}^*$ 的属于 $\dfrac{|\boldsymbol{A}|}{\lambda}$ 的特征向量.

5.1.3 相似矩阵 矩阵的对角化

1. 相似矩阵的定义及性质

1) 相似矩阵定义

设 $\boldsymbol{A},\boldsymbol{B}$ 都是 n 阶矩阵, 若存在可逆矩阵 $\boldsymbol{P}$, 使得

$$\boldsymbol{P}^{-1}\boldsymbol{A}\boldsymbol{P} = \boldsymbol{B},$$

则称 $\boldsymbol{B}$ 是 $\boldsymbol{A}$ 的相似矩阵, 并称矩阵 $\boldsymbol{A}$ 与 $\boldsymbol{B}$ **相似**. 对 $\boldsymbol{A}$ 进行运算 $\boldsymbol{P}^{-1}\boldsymbol{A}\boldsymbol{P}$ 称为对 $\boldsymbol{A}$ 进行**相似变换**, 称可逆矩阵 $\boldsymbol{P}$ 为**相似变换矩阵**.

矩阵的相似关系是一种等价关系.

2) 相似性质

若 n 阶矩阵 $\boldsymbol{A}$ 与 $\boldsymbol{B}$ 相似, 则

(1) $\boldsymbol{A},\boldsymbol{B}$ 有相同的特征多项式和特征值;

(2) $|\boldsymbol{A}| = |\boldsymbol{B}|$;

(3) $R(\boldsymbol{A}) = R(\boldsymbol{B})$;

(4) $\boldsymbol{A}^m$ 与 $\boldsymbol{B}^m$ 也相似, 其中 m 为正整数.

(5) $\boldsymbol{A}^{\mathrm{T}}$ 与 $\boldsymbol{B}^{\mathrm{T}}$ 也相似;

(6) $k\boldsymbol{A}$ 与 $k\boldsymbol{B}$ 也相似;

(7) 若 $\boldsymbol{A}$ 可逆, 则 $\boldsymbol{B}$ 可逆, 且 $\boldsymbol{A}^{-1}$ 与 $\boldsymbol{B}^{-1}$ 也相似.

2. 矩阵的相似对角化

1) 矩阵的相似对角化充要条件

$$n\text{ 阶矩阵 } \boldsymbol{A} \text{ 与对角矩阵 } \boldsymbol{\Lambda} = \begin{pmatrix} \lambda_1 & & & \\ & \lambda_2 & & \\ & & \ddots & \\ & & & \lambda_n \end{pmatrix} \text{相似}$$

$\Leftrightarrow$ 矩阵 $\boldsymbol{A}$ 有 n 个线性无关的特征向量

$\Leftrightarrow \boldsymbol{A}$ 的每个特征值的线性无关的特征向量的个数恰好等于该特征值的重数

$\Leftrightarrow R(\boldsymbol{A}-\lambda_i\boldsymbol{E})=n-n_i(i=1,2,\cdots,n)$，其中 λ_i 是矩阵 $\boldsymbol{A}$ 的 n_i 重特征值.

2) 矩阵的相似对角化充分条件

$$\text{若 } n \text{ 阶矩阵 } \boldsymbol{A} \text{ 有 } n \text{ 个相异的特征值 } \lambda_1,\lambda_2,\cdots,\lambda_n$$

$$\Rightarrow \boldsymbol{A} \text{ 与对角矩阵 } \Lambda=\mathrm{diag}(\lambda_1\lambda_2\cdots\lambda_n) \text{ 相似.}$$

3) 矩阵的相似对角化的步骤

(1) 求出 n 阶方阵 $\boldsymbol{A}$ 的全部特征值 $\lambda_1,\lambda_2,\cdots,\lambda_n$；

(2) 对每一个特征值 λ_i，由 $(\boldsymbol{A}-\lambda_i\boldsymbol{E})\boldsymbol{x}=\boldsymbol{0}$ 求出基础解系(线性无关的特征向量)；

(3) 如果方阵 $\boldsymbol{A}$ 有 n 个线性无关的特征向量，以这 n 个线性无关的特征向量作为列向量构成一个可逆矩阵 $\boldsymbol{P}$，使

$$\boldsymbol{P}^{-1}\boldsymbol{A}\boldsymbol{P}=\Lambda.$$

注：$\boldsymbol{P}$ 中列向量的次序与矩阵 Λ 对角线上的特征值的次序相对应.

5.1.4　实对称矩阵的相似矩阵

1. 实对称矩阵的特征值与特征向量

(1) 实对称矩阵的特征值都是实数；

(2) 实对称阵 $\boldsymbol{A}$ 的属于不同特征值的特征向量相互正交.

2. 实对称矩阵的相似对角化理论

(1) 实对称矩阵 $\boldsymbol{A}$ 的 k 重特征值恰好有 k 个线性无关的特征向量；

(2) 设 $\boldsymbol{A}$ 为 n 阶实对称矩阵，则必有正交矩阵 $\boldsymbol{P}$，使

$$\boldsymbol{P}^{-1}\boldsymbol{A}\boldsymbol{P}=\Lambda,$$

其中 Λ 是以 $\boldsymbol{A}$ 的 n 个特征值为对角元素的对角矩阵.

3. 实对称矩阵的相似对角化方法

(1) 求出 n 阶实对称矩阵 $\boldsymbol{A}$ 的全部特征值 $\lambda_1,\lambda_2,\cdots,\lambda_s$；

(2) 对每一个特征值 λ_i，由 $(\boldsymbol{A}-\lambda_i\boldsymbol{E})\boldsymbol{X}=\boldsymbol{0}$ 求出基础解系(线性无关的特征向量)；

(3) 将基础解系(特征向量)正交化，再单位化；

(4) 以这些单位向量作为列向量构成一个正交矩阵 $\boldsymbol{P}$，使

$$\boldsymbol{P}^{-1}\boldsymbol{A}\boldsymbol{P}=\Lambda.$$

注：$\boldsymbol{P}$ 中列向量的次序与矩阵 Λ 对角线上的特征值的次序相对应.

5.2　考研数学大纲要求

5.2.1　考试内容

矩阵的特征值和特征向量的概念、性质；相似矩阵的概念及性质；矩阵可相似对角化

的充分必要条件及相似对角矩阵；实对称矩阵的特征值和特征向量及相似对角矩阵.

5.2.2 考试要求

(1) 理解矩阵的特征值、特征向量的概念，掌握矩阵特征值的性质，掌握求矩阵特征值和特征向量的方法.

(2) 理解矩阵相似的概念，掌握相似矩阵的性质，了解矩阵可相似对角化的充分必要条件，掌握将矩阵化为相似对角矩阵的方法.

(3) 掌握实对称矩阵的特征值和特征向量的性质.

5.3 典型例题

例 1 求 $\boldsymbol{\alpha}=(1,2,2,3)^{\mathrm{T}},\boldsymbol{\beta}=(3,1,5,1)^{\mathrm{T}}$ 之间的夹角 θ.

【分析】此题考核向量内积相关知识点，主要涉及向量长度、向量夹角公式.

解 因为 $[\boldsymbol{\alpha},\boldsymbol{\beta}]=18$，$\|\boldsymbol{\alpha}\|=3\sqrt{2}$，$\|\boldsymbol{\beta}\|=6$，所以

$$\arccos\theta=\frac{[\boldsymbol{\alpha},\boldsymbol{\beta}]}{\|\boldsymbol{\alpha}\|\|\boldsymbol{\beta}\|}=\frac{18}{6\cdot3\sqrt{2}}=\frac{\sqrt{2}}{2},$$

故 $\boldsymbol{\alpha},\boldsymbol{\beta}$ 之间的夹角为 $\frac{\pi}{4}$.

例 2 已知 $\boldsymbol{\alpha}_1=(1,1,1)^{\mathrm{T}}$，求一组非零向量 $\boldsymbol{\alpha}_2,\boldsymbol{\alpha}_3$，使得 $\boldsymbol{\alpha}_1,\boldsymbol{\alpha}_2,\boldsymbol{\alpha}_3$ 两两正交.

【分析】此题考核正交向量组的定义及性质，主要涉及齐次方程的求解等问题.

解 设与 $\boldsymbol{\alpha}_1=(1,1,1)^{\mathrm{T}}$ 正交的向量为 $\boldsymbol{x}$，则 $\boldsymbol{\alpha}_1^{\mathrm{T}}\boldsymbol{x}=\boldsymbol{0}$，即 $x_1+x_2+x_3=0$，其基础解系为

$$\xi_1=(1,0,-1)^{\mathrm{T}},\quad \xi_2=(0,1,-1)^{\mathrm{T}},$$

将其正交化得

$$\boldsymbol{\alpha}_2=(1,0,-1)^{\mathrm{T}},\quad \boldsymbol{\alpha}_3=\left(-\frac{1}{2},1,-\frac{1}{2}\right)^{\mathrm{T}},$$

则 $\boldsymbol{\alpha}_1,\boldsymbol{\alpha}_2,\boldsymbol{\alpha}_3$ 两两正交.

例 3 已知矩阵 $\boldsymbol{A}=\begin{pmatrix}1&1&0\\1&1&0\\0&0&3\end{pmatrix}$ 与 $\boldsymbol{B}=\begin{pmatrix}0&0&0\\0&3&0\\0&0&x\end{pmatrix}$ 相似.

(1) 求 x；

(2) 求可逆矩阵 $\boldsymbol{P}$，使 $\boldsymbol{P}^{-1}\boldsymbol{AP}=\boldsymbol{B}$.

【分析】此题考核矩阵相似的定义及性质，主要涉及特征值的性质、特征方程的基础解系等相关知识.

解 (1) 由于 $\boldsymbol{A}$ 与 $\boldsymbol{B}$ 相似，则 $\boldsymbol{A},\boldsymbol{B}$ 有相同的特征值，$\boldsymbol{B}$ 为对角矩阵，其特征值为 $0,3,x$，从而 $\boldsymbol{A}$ 特征值也为 $0,3,x$，由特征值的性质可得 $1+1+3=0+3+x\Rightarrow x=2$，所以矩阵 $\boldsymbol{A}$ 的特征值为 $\lambda_1=0,\lambda_2=3,\lambda_3=2$；

(2) 对于 $\lambda_1=0$，解齐次方程 $(0\boldsymbol{E}-\boldsymbol{A})\boldsymbol{x}=\boldsymbol{0}$，

$$0\boldsymbol{E}-\boldsymbol{A}=\begin{pmatrix}-1&-1&0\\-1&-1&0\\0&0&-3\end{pmatrix}\to\begin{pmatrix}1&1&0\\0&0&0\\0&0&1\end{pmatrix}\to\begin{pmatrix}1&1&0\\0&0&1\\0&0&0\end{pmatrix},$$

得 $(0\boldsymbol{E}-\boldsymbol{A})\boldsymbol{x}=\boldsymbol{0}$ 的基础解系为 $\boldsymbol{\alpha}_1=(1,-1,0)^{\mathrm{T}}$；

对于 $\lambda_2=3$，解齐次方程 $(3\boldsymbol{E}-\boldsymbol{A})\boldsymbol{x}=\boldsymbol{0}$，

$$3\boldsymbol{E}-\boldsymbol{A}=\begin{pmatrix}2&-1&0\\-1&2&0\\0&0&0\end{pmatrix}\to\begin{pmatrix}1&-2&0\\0&3&0\\0&0&0\end{pmatrix}\to\begin{pmatrix}1&0&0\\0&1&0\\0&0&0\end{pmatrix},$$

得 $(3\boldsymbol{E}-\boldsymbol{A})\boldsymbol{x}=\boldsymbol{0}$ 的基础解系为 $\boldsymbol{\alpha}_2=(0,0,1)^{\mathrm{T}}$；

对于 $\lambda_3=2$，解齐次方程 $(2\boldsymbol{E}-\boldsymbol{A})\boldsymbol{x}=\boldsymbol{0}$，

$$2\boldsymbol{E}-\boldsymbol{A}=\begin{pmatrix}1&-1&0\\-1&1&0\\0&0&-1\end{pmatrix}\to\begin{pmatrix}1&-1&0\\0&0&0\\0&0&1\end{pmatrix}\to\begin{pmatrix}1&-1&0\\0&0&1\\0&0&0\end{pmatrix},$$

得 $(2\boldsymbol{E}-\boldsymbol{A})\boldsymbol{x}=\boldsymbol{0}$ 的基础解系为 $\boldsymbol{\alpha}_3=(1,1,0)^{\mathrm{T}}$，令

$$\boldsymbol{P}=(\boldsymbol{\alpha}_1,\boldsymbol{\alpha}_2,\boldsymbol{\alpha}_3)=\begin{pmatrix}1&0&1\\-1&0&1\\0&1&0\end{pmatrix},$$

则 $\boldsymbol{P}^{-1}\boldsymbol{A}\boldsymbol{P}=\boldsymbol{B}$.

例 4　设矩阵 $\boldsymbol{A}=\begin{pmatrix}4&0&-1\\0&3&0\\-1&0&4\end{pmatrix}$,求一个正交矩阵 $\boldsymbol{P}$，使得 $\boldsymbol{P}^{-1}\boldsymbol{A}\boldsymbol{P}=\boldsymbol{\Lambda}$.

【分析】此题考核对称矩阵相似性质，主要涉及对称矩阵特征值、特征向量的性质，以及施密特正交化方法、特征方程的基础解系等相关知识.

解　由 $|\boldsymbol{A}-\lambda\boldsymbol{E}|=(3-\lambda)(\lambda-3)(\lambda-5)=0$，得 $\lambda_1=\lambda_2=3,\lambda_3=5$.

当 $\lambda_1=\lambda_2=3$ 时，解齐次方程 $(3\boldsymbol{E}-\boldsymbol{A})\boldsymbol{x}=\boldsymbol{0}$，得基础解系为 $\xi_1=\begin{pmatrix}0\\1\\0\end{pmatrix},\xi_2=\begin{pmatrix}1\\0\\1\end{pmatrix}$,将它们正交单位化得

$$\boldsymbol{p}_1=\xi_1,\quad \boldsymbol{p}_2=\begin{pmatrix}\frac{1}{\sqrt{2}}\\0\\\frac{1}{\sqrt{2}}\end{pmatrix}.$$

当 $\lambda_3=5$ 时，特征向量 $\xi_3=\begin{pmatrix}1\\0\\-1\end{pmatrix}$,将其单位化得

$$\boldsymbol{p}_3=\frac{1}{\sqrt{2}}\begin{pmatrix}1\\0\\-1\end{pmatrix}.$$

令 $\boldsymbol{P}=(\boldsymbol{p}_1,\boldsymbol{p}_2,\boldsymbol{p}_3)=\begin{pmatrix}0&\frac{1}{\sqrt{2}}&\frac{1}{\sqrt{2}}\\1&0&0\\0&\frac{1}{\sqrt{2}}&-\frac{1}{\sqrt{2}}\end{pmatrix}$，则 $\boldsymbol{P}$ 为正交矩阵，并且有

$$\boldsymbol{P}^{-1}\boldsymbol{A}\boldsymbol{P}=\boldsymbol{P}^{\mathrm{T}}\boldsymbol{A}\boldsymbol{P}=\Lambda=\begin{pmatrix}3&0&0\\0&3&0\\0&0&5\end{pmatrix}.$$

例 5 设 $\boldsymbol{p}_1=(2,1,-1)^{\mathrm{T}},\boldsymbol{p}_2=(2,-1,2)^{\mathrm{T}},\boldsymbol{p}_3=(3,0,0)^{\mathrm{T}}$ 都是矩阵 $\boldsymbol{A}$ 的特征向量，对应的特征值依次是 $3,2,1$，求 $\boldsymbol{A}$.

【分析】此题考核矩阵特征值、特征向量的定义.

解 由题设知 $\boldsymbol{A}\boldsymbol{p}_1=3\boldsymbol{p}_1,\boldsymbol{A}\boldsymbol{p}_2=2\boldsymbol{p}_2,\boldsymbol{A}\boldsymbol{p}_3=\boldsymbol{p}_3$，故

$$\boldsymbol{A}(\boldsymbol{p}_1,\boldsymbol{p}_2,\boldsymbol{p}_3)=(3\boldsymbol{p}_1,2\boldsymbol{p}_2,\boldsymbol{p}_3),$$

即

$$\boldsymbol{A}\begin{pmatrix}2&2&3\\1&-1&0\\-1&2&0\end{pmatrix}=\begin{pmatrix}6&4&3\\3&-2&0\\-3&4&0\end{pmatrix}.$$

故

$$\boldsymbol{A}=\begin{pmatrix}6&4&3\\3&-2&0\\-3&4&0\end{pmatrix}\begin{pmatrix}2&2&3\\1&-1&0\\-1&2&0\end{pmatrix}^{-1}=\begin{pmatrix}1&10&6\\0&4&1\\0&-2&1\end{pmatrix}.$$

例 6 设三阶对称矩阵 $\boldsymbol{A}$ 的特征值为 6，3，3，与特征值 6 对应的特征向量为 $\boldsymbol{p}_1=(1,1,1)^{\mathrm{T}}$，求 $\boldsymbol{A}$.

【分析】此题考核矩阵特征值、特征向量的定义，以及对称矩阵特征值和特征向量的性质.

解 由题设知，设 $\boldsymbol{A}=\begin{pmatrix}x_1&x_2&x_3\\x_2&x_4&x_5\\x_3&x_5&x_6\end{pmatrix}$，根据 $\boldsymbol{A}\begin{pmatrix}1\\1\\1\end{pmatrix}=6\begin{pmatrix}1\\1\\1\end{pmatrix}$，得

$$① \begin{cases}x_1+x_2+x_3=6,\\x_2+x_4+x_5=6,\\x_3+x_5+x_6=6.\end{cases}$$

又因为 3 是 $\boldsymbol{A}$ 的二重特征值，故 $R(\boldsymbol{A}-3\boldsymbol{E})=1$，利用①可推出

$$A-3E=\begin{pmatrix} x_1-3 & x_2 & x_3 \\ x_2 & x_4-3 & x_5 \\ x_3 & x_5 & x_6-3 \end{pmatrix} \sim \begin{pmatrix} 1 & 1 & 1 \\ x_2 & x_4-3 & x_5 \\ x_3 & x_5 & x_6-3 \end{pmatrix}.$$

根据 $R(A-3E)=1$，从而存在 a,b 使得

$$② \begin{cases} (1,1,1)=a(x_2,x_4-3,x_5), \\ (1,1,1)=b(x_3,x_5,x_6-3) \end{cases}$$

成立.

由①②解得 $x_2=x_3=x_5=1, x_1=x_4=x_6=4$，故

$$A=\begin{pmatrix} 4 & 1 & 1 \\ 1 & 4 & 1 \\ 1 & 1 & 4 \end{pmatrix}.$$

例 7　设 A,B 均为 n 阶方阵, 证明 AB 与 BA 有相同的特征值.

证明　设 AB 的特征值为 λ，当 $\lambda\neq 0$ 时, 其对应的特征向量为 $x\neq 0$，则

$$\begin{aligned}(AB)x=\lambda x &\Rightarrow B(AB)x=\lambda Bx \\ &\Rightarrow BA(Bx)=\lambda Bx \\ &\Rightarrow (BA)\eta=\lambda\eta,\end{aligned}$$

这里 $\eta=Bx$，下证 $\eta=Bx\neq 0$.

反证法: 假设 $\eta=Bx=0$，由 λ 是 AB 的特征值, 则

$$ABx=\lambda x\Rightarrow \lambda x=0\Rightarrow \lambda=0 \text{ 与 } \lambda\neq 0 \text{ 矛盾},$$

所以 $\eta=Bx\neq 0$，即由 $(BA)\eta=\lambda\eta$ 知 λ 也为 BA 的特征值.

当 $\lambda=0$ 时, $|AB-0E|=|AB|=|A||B|=|BA|=|BA-0E|$，即 0 也是 BA 的特征值.

综上 AB 与 BA 有相同的特征值.

例 8　设 A,B 均为 n 阶方阵, 且 $R(A)+R(B)<n$，证明 A,B 有公共的特征向量.

证明　由 $R(A)+R(B)<n$ 知

$$R(A)<n, R(B)<n\Rightarrow |A|=|B|=0\Rightarrow |A-0E|=|B-0E|=0,$$

于是, 0 是 A 和 B 的特征值, 而 A 和 B 属于特征值 0 的特征向量分别为 $Ax=0$ 和 $Bx=0$ 的非零解.

又因为 $R\begin{pmatrix} A \\ B \end{pmatrix}\leqslant R(A)+R(B)<n$，故 $\begin{pmatrix} A \\ B \end{pmatrix}x=0$ 有非零解, 即 $Ax=0$ 和 $Bx=0$ 有公共的非零解, 所以 A,B 有属于特征值 0 的公共的特征向量.

例 9　已知 $A=\begin{pmatrix} 0 & a & a^2 \\ \frac{1}{a} & 0 & a \\ \frac{1}{a^2} & \frac{1}{a} & 0 \end{pmatrix}$，求

(1) 可逆矩阵 P，使 $P^{-1}AP$ 为对角矩阵;

(2) A^n, n 为正整数.

【分析】此题考核矩阵相似的定义及性质，主要涉及特征值的求法、特征方程的基础解系等相关知识.

解　(1) 先根据特征方程求 A 的特征值，

$$|A-\lambda E| = \begin{pmatrix} -\lambda & a & a^2 \\ \frac{1}{a} & -\lambda & a \\ \frac{1}{a^2} & \frac{1}{a} & -\lambda \end{pmatrix} = -(\lambda+1)^2(\lambda-2) = 0,$$

故 A 的特征值为 $\lambda_1 = \lambda_2 = -1, \lambda_3 = 2$.

当 $\lambda_1 = \lambda_2 = -1$ 时，解方程

$$(A+E)x = \begin{pmatrix} 1 & a & a^2 \\ \frac{1}{a} & 1 & a \\ \frac{1}{a^2} & \frac{1}{a} & 1 \end{pmatrix} x = 0,$$

得其基础解系为 $\xi_1 = (-a,1,0)^{\mathrm{T}}, \xi_2 = (-a^2,0,1)^{\mathrm{T}}$;

当 $\lambda_3 = 2$ 时，解方程

$$(A-2E)x = \begin{pmatrix} -2 & a & a^2 \\ \frac{1}{a} & -2 & a \\ \frac{1}{a^2} & \frac{1}{a} & -2 \end{pmatrix} x = 0,$$

得其基础解系为 $\xi_3 = (a^2,a,1)^{\mathrm{T}}$;

令 $P = (\xi_1,\xi_2,\xi_3) = \begin{pmatrix} -a & -a^2 & a^2 \\ 1 & 0 & a \\ 0 & 1 & 1 \end{pmatrix}$，则

$$P^{-1}AP = \Lambda = \begin{pmatrix} -1 & & \\ & -1 & \\ & & 2 \end{pmatrix}.$$

(2) 因为 $P^{-1}AP = \Lambda = \begin{pmatrix} -1 & & \\ & -1 & \\ & & 2 \end{pmatrix}$，所以 $A = P\Lambda P^{-1}$，故

$$A^n = (P\Lambda P^{-1})(P\Lambda P^{-1})\cdots(P\Lambda P^{-1}) = P\Lambda^n P^{-1}$$

$$=\begin{pmatrix}-a & -a^2 & a^2\\1 & 0 & a\\0 & 1 & 1\end{pmatrix}\begin{pmatrix}-1 & & \\ & -1 & \\ & & 2\end{pmatrix}^n\begin{pmatrix}-a & -a^2 & a^2\\1 & 0 & a\\0 & 1 & 1\end{pmatrix}^{-1}$$

$$=\frac{1}{3}\begin{pmatrix}2(-1)^n+2^n & (-1)^{n+1}a+2^n a & 2(-1)^n a^2-2^{n+1}a^2\\ 0 & 3(-1)^n & 0\\ \dfrac{(-1)^n-2^n}{a^2} & \dfrac{(-1)^n-2^n}{a} & (-1)^n+2^{n+1}\end{pmatrix}.$$

例 10　设 $\boldsymbol{a}=(a_1,a_2,\cdots,a_n)^{\mathrm{T}}$，$\boldsymbol{a}\neq\boldsymbol{0}$，$\boldsymbol{A}=\boldsymbol{a}\boldsymbol{a}^{\mathrm{T}}$.

(1) 证明 $\lambda=0$ 是 $\boldsymbol{A}$ 的 $n-1$ 重特征值;

(2) 求 $\boldsymbol{A}$ 的非零特征值及 n 个线性无关的特征向量.

证明　(1) 因为 $\boldsymbol{a}\neq\boldsymbol{0}$ 是一个列向量，故 $R(\boldsymbol{a})=1$，则 $R(\boldsymbol{A})=R(\boldsymbol{a}\boldsymbol{a}^{\mathrm{T}})\leqslant R(\boldsymbol{a})=1$，显然 $\boldsymbol{A}=\boldsymbol{a}\boldsymbol{a}^{\mathrm{T}}\neq\boldsymbol{O}$，所以 $R(\boldsymbol{A})\geqslant 1$，综上 $R(\boldsymbol{A})=1$，从而 $|\boldsymbol{A}|=0$，且 $\lambda=0$ 是 $\boldsymbol{A}$ 的 $n-1$ 重特征值.

(2) 设 $\lambda_1,\lambda_2,\cdots,\lambda_n$ 是 $\boldsymbol{A}$ 的所有特征值，假设 $\lambda_1\neq 0$，$\lambda_2=\lambda_3=\cdots=\lambda_n=0$. 因为 $\boldsymbol{A}=\boldsymbol{a}\boldsymbol{a}^{\mathrm{T}}$ 的主对角线上的元素为 $a_1^2,a_2^2,\cdots,a_n^2$，所以根据矩阵 $\boldsymbol{A}$ 的特征值的性质，得

$$a_1^2+a_2^2+\cdots+a_n^2=\boldsymbol{a}^{\mathrm{T}}\boldsymbol{a}=\lambda_1+\lambda_2+\cdots+\lambda_n=\lambda_1\Rightarrow\lambda_1=\boldsymbol{a}^{\mathrm{T}}\boldsymbol{a}.$$

因为 $\boldsymbol{A}\cdot\boldsymbol{a}=\boldsymbol{a}\boldsymbol{a}^{\mathrm{T}}\cdot\boldsymbol{a}=\boldsymbol{a}(\boldsymbol{a}^{\mathrm{T}}\boldsymbol{a})=\boldsymbol{a}\lambda_1=\lambda_1\boldsymbol{a}$，所以 $\lambda_1=\boldsymbol{a}^{\mathrm{T}}\boldsymbol{a}$ 对应的特征向量为

$$\boldsymbol{p}_1=\boldsymbol{a}=(a_1,a_2,\cdots,a_n)^{\mathrm{T}}.$$

对于 $\lambda_2=\lambda_3=\cdots=\lambda_n=0$，解方程 $\boldsymbol{A}\boldsymbol{x}=\boldsymbol{0}$，即 $\boldsymbol{a}\boldsymbol{a}^{\mathrm{T}}\boldsymbol{x}=\boldsymbol{0}$，两边同时左乘 a^{T}，得 $\boldsymbol{a}^{\mathrm{T}}\boldsymbol{a}\boldsymbol{a}^{\mathrm{T}}\boldsymbol{x}=\boldsymbol{a}^{\mathrm{T}}\boldsymbol{0}=\boldsymbol{0}$，因为 $\boldsymbol{a}\neq\boldsymbol{0}$，所以 $\boldsymbol{a}\boldsymbol{a}^{\mathrm{T}}\neq\boldsymbol{O}$，故 $\boldsymbol{a}^{\mathrm{T}}\boldsymbol{x}=0$，即 $a_1x_1+a_2x_2+\cdots+a_nx_n=0$，其线性无关解为

$$\boldsymbol{p}_2=(-a_2,a_1,0,\cdots,0)^{\mathrm{T}},$$
$$\boldsymbol{p}_3=(-a_3,0,a_1,\cdots,0)^{\mathrm{T}},$$
$$\cdots\cdots$$
$$\boldsymbol{p}_n=(-a_n,0,0,\cdots,a_1)^{\mathrm{T}}.$$

因此 n 个线性无关特征向量构成的矩阵为

$$(\boldsymbol{p}_1,\boldsymbol{p}_2,\cdots,\boldsymbol{p}_n)=\begin{pmatrix}a_1 & -a_2 & \cdots & -a_n\\a_2 & a_1 & \cdots & 0\\ \vdots & \vdots & & \vdots\\ a_n & 0 & \cdots & a_1\end{pmatrix}.$$

例 11　设 n 阶方阵 $\boldsymbol{A}=(a_{ij})$ 的各行元素之和为常数 a，证明:

(1) a 为 $\boldsymbol{A}$ 的一个特征值，$\boldsymbol{p}=(1,1,\cdots,1)^{\mathrm{T}}$ 是对应的特征向量;

(2) $\boldsymbol{A}^m$ 的每行元素之和为 a^m，其中 m 为正整数;

(3) $\boldsymbol{A}$ 若可逆，则 $\boldsymbol{A}^{-1}$ 的每行元素之和为 $\dfrac{1}{a}$.

【分析】此题考核矩阵特征值及特征向量的定义和性质理论.

解 (1) 因为

$$\boldsymbol{Ap}=\begin{pmatrix}a_{11} & a_{12} & \cdots & a_{1n}\\ a_{21} & a_{22} & \cdots & a_{2n}\\ \vdots & \vdots & & \vdots\\ a_{n1} & a_{n2} & \cdots & a_{nn}\end{pmatrix}\begin{pmatrix}1\\1\\ \vdots\\1\end{pmatrix}=\begin{pmatrix}a_{11}+a_{12}+\cdots+a_{1n}\\ a_{21}+a_{22}+\cdots+a_{2n}\\ \vdots\\ a_{n1}+a_{n2}+\cdots+a_{nn}\end{pmatrix}=\begin{pmatrix}a\\a\\ \vdots\\a\end{pmatrix}=a\begin{pmatrix}1\\1\\ \vdots\\1\end{pmatrix},$$

故 a 为 $\boldsymbol{A}$ 的一个特征值，$\boldsymbol{p}=\begin{pmatrix}1\\1\\ \vdots\\1\end{pmatrix}$是其对应的特征向量.

(2) $\boldsymbol{Ap}=a\boldsymbol{p}\Rightarrow \boldsymbol{A}^m\boldsymbol{p}=a^m\boldsymbol{p}$，

$$\boldsymbol{A}^m\boldsymbol{p}=\boldsymbol{Bp}=\begin{pmatrix}b_{11} & b_{12} & \cdots & b_{1n}\\ b_{21} & b_{22} & \cdots & b_{2n}\\ \vdots & \vdots & & \vdots\\ b_{n1} & b_{n2} & \cdots & b_{nn}\end{pmatrix}\begin{pmatrix}1\\1\\ \vdots\\1\end{pmatrix}=\begin{pmatrix}b_{11}+b_{12}+\cdots+b_{1n}\\ b_{21}+b_{22}+\cdots+b_{2n}\\ \vdots\\ b_{n1}+b_{n2}+\cdots+b_{nn}\end{pmatrix}=a^m\begin{pmatrix}1\\1\\ \vdots\\1\end{pmatrix}=\begin{pmatrix}a^m\\a^m\\ \vdots\\a^m\end{pmatrix},$$

所以 $\boldsymbol{A}^m$ 的每行元素之和为 a^m，其中 m 为正整数.

(3) $\boldsymbol{Ap}=a\boldsymbol{p}\Rightarrow \boldsymbol{A}^{-1}\boldsymbol{p}=\dfrac{1}{a}\boldsymbol{p}$，$\boldsymbol{A}$ 若可逆，则 $\boldsymbol{A}^{-1}$ 的每行元素之和为$\dfrac{1}{a}$.

例 12 设 $\boldsymbol{A}=\begin{pmatrix}3 & -2\\ -2 & 3\end{pmatrix}$，求 $\psi(\boldsymbol{A})=\boldsymbol{A}^{10}-5\boldsymbol{A}^9$.

【分析】此题考核对称矩阵相似的理论，主要涉及特征值的求法、特征方程的基础解系、施密特正交化方法等相关知识.

解 因为 $\boldsymbol{A}=\begin{pmatrix}3 & -2\\ -2 & 3\end{pmatrix}$是实对称矩阵. 故可找到正交相似变换矩阵 $\boldsymbol{P}=\begin{pmatrix}\frac{1}{\sqrt{2}} & -\frac{1}{\sqrt{2}}\\ \frac{1}{\sqrt{2}} & \frac{1}{\sqrt{2}}\end{pmatrix}$，

使得 $\boldsymbol{P}^{-1}\boldsymbol{AP}=\begin{pmatrix}1 & 0\\ 0 & 5\end{pmatrix}=\boldsymbol{\Lambda}$，则 $\boldsymbol{A}=\boldsymbol{P\Lambda P}^{-1}$，故 $\boldsymbol{A}^k=\boldsymbol{P\Lambda}^k\boldsymbol{P}^{-1}$，因此

$$\begin{aligned}\psi(\boldsymbol{A})&=\boldsymbol{A}^{10}-5\boldsymbol{A}^9=\boldsymbol{P\Lambda}^{10}\boldsymbol{P}^{-1}-5\boldsymbol{P\Lambda}^9\boldsymbol{P}^{-1}\\ &=\boldsymbol{P}\begin{pmatrix}1 & 0\\ 0 & 5^{10}\end{pmatrix}\boldsymbol{P}^{-1}-\boldsymbol{P}\begin{pmatrix}5 & 0\\ 0 & 5^{10}\end{pmatrix}\boldsymbol{P}^{-1}=\boldsymbol{P}\begin{pmatrix}-4 & 0\\ 0 & 0\end{pmatrix}\boldsymbol{P}^{-1}\\ &=\frac{1}{\sqrt{2}}\begin{pmatrix}1 & -1\\ 1 & 1\end{pmatrix}\begin{pmatrix}-4 & 0\\ 0 & 0\end{pmatrix}\frac{1}{\sqrt{2}}\begin{pmatrix}1 & 1\\ -1 & 1\end{pmatrix}\\ &=\begin{pmatrix}-2 & -2\\ -2 & -2\end{pmatrix}=-2\begin{pmatrix}1 & 1\\ 1 & 1\end{pmatrix}.\end{aligned}$$

5.4 练 习 题

5.4.1 向量的内积、长度及正交性

一、填空题.

1. 设向量 $\boldsymbol{\alpha}^{\mathrm{T}}=(4,-1,2,-2)$，则其单位向量为__________.

2. 设 $\boldsymbol{A}$ 为正交矩阵，则 $\left|\boldsymbol{A}^2\right|=$__________.

3. 设 $[\boldsymbol{\alpha},\boldsymbol{\beta}]=2,\|\boldsymbol{\beta}\|=2$，则 $[2\boldsymbol{\alpha}+\boldsymbol{\beta},-\boldsymbol{\beta}]=$__________.

二、解答题.

1. 求 $\boldsymbol{\alpha}=(2,1,3,2)^{\mathrm{T}},\boldsymbol{\beta}=(1,2,-2,1)^{\mathrm{T}}$ 的向量的内积和夹角.

2. 把向量组 $(\boldsymbol{\alpha}_1,\boldsymbol{\alpha}_2,\boldsymbol{\alpha}_3)=\begin{pmatrix}1&1&1\\1&2&4\\1&3&9\end{pmatrix}$ 正交化.

3. 将向量 $\boldsymbol{\alpha}_1=(1,1,1)^{\mathrm{T}},\boldsymbol{\alpha}_2=(-1,0,-1)^{\mathrm{T}},\boldsymbol{\alpha}_3=(1,2,-3)^{\mathrm{T}}$ 正交单位化，并求向量 $\boldsymbol{\alpha}=(3,2,1)^{\mathrm{T}}$ 用此正交单位向量线性表示的表达式.

4. 已知 $\boldsymbol{\alpha}_1=(1,-2,1)^{\mathrm{T}}$，求一组非零向量 $\boldsymbol{\alpha}_2,\boldsymbol{\alpha}_3$，使得 $\boldsymbol{\alpha}_1,\boldsymbol{\alpha}_2,\boldsymbol{\alpha}_3$ 两两正交.

5. 下列矩阵是不是正交矩阵, 说明理由.

(1) $\begin{pmatrix} 1 & 0 & 1 \\ 1 & -1 & 0 \\ 1 & 1 & 0 \end{pmatrix}$;

(2) $\dfrac{1}{9}\begin{pmatrix} 1 & -8 & -4 \\ -8 & 1 & -4 \\ -4 & -4 & 7 \end{pmatrix}$.

6. 证明: 若 $\boldsymbol{A},\boldsymbol{B}$ 为 n 阶正交矩阵, 则 $\boldsymbol{AB}$ 也是正交矩阵.

5.4.2 方阵的特征值与特征向量

一、填空题.

1. 设三阶方阵 $\boldsymbol{A}$ 的特征值为 $-1,1,2$，则 $\boldsymbol{A}^{-1}$ 的特征值为__________；$3\boldsymbol{E}+\boldsymbol{A}$ 的特征值为__________.

2. 已知三阶方阵 $\boldsymbol{A}$ 的特征值为 $-1,0,2$，则 $|\boldsymbol{A}^2+\boldsymbol{A}+\boldsymbol{E}|=$__________.

3. 已知三阶方阵 $\boldsymbol{A}$，$|3\boldsymbol{A}+\boldsymbol{E}|=0$，则 $\boldsymbol{A}$ 必有一个特征值为__________.

二、选择题.

1. 设 $\boldsymbol{\alpha}_1,\boldsymbol{\alpha}_2$ 分别是 n 阶矩阵 $\boldsymbol{A}$ 的属于特征值 λ_1,λ_2 的两个特征向量，则(　　).

A. $\lambda_1=\lambda_2$ 时，$\boldsymbol{\alpha}_1,\boldsymbol{\alpha}_2$ 一定成比例　　B. $\lambda_1=\lambda_2$ 时，$\boldsymbol{\alpha}_1,\boldsymbol{\alpha}_2$ 一定不成比例

C. $\lambda_1\neq\lambda_2$ 时，$\boldsymbol{\alpha}_1,\boldsymbol{\alpha}_2$ 一定成比例　　D. $\lambda_1\neq\lambda_2$ 时，$\boldsymbol{\alpha}_1,\boldsymbol{\alpha}_2$ 一定不成比例

2. 设 $\boldsymbol{A}$ 为 n 阶矩阵，下述结论正确的是(　　).

A. 方程 $(\lambda_0\boldsymbol{E}-\boldsymbol{A})\boldsymbol{x}=\boldsymbol{0}$ 的每一个解向量都是对应于特征值 λ_0 的特征向量

B. 若 $\boldsymbol{\alpha}_1,\boldsymbol{\alpha}_2$ 为方程 $(\lambda_0\boldsymbol{E}-\boldsymbol{A})\boldsymbol{x}=\boldsymbol{0}$ 的一个基础解系，则 $c_1\boldsymbol{\alpha}_1+c_2\boldsymbol{\alpha}_2$ (c_1,c_2 为任意常数)是 $\boldsymbol{A}$ 的属于特征值 λ_0 的全部的特征向量

C. $\boldsymbol{A}$ 与 $\boldsymbol{A}^{\mathrm{T}}$ 有相同的特征多项式

D. $\boldsymbol{A}$ 与 $\boldsymbol{A}^{\mathrm{T}}$ 有相同的特征值和相同的特征向量

3. 设 $\boldsymbol{A}=\begin{pmatrix}3&-1&1\\2&0&1\\1&-1&2\end{pmatrix}$，则 $\boldsymbol{A}$ 属于特征值 $\lambda=2$ 的一个特征向量是(　　).

A. $(1,0,1)^{\mathrm{T}}$　　B. $(1,0,-1)^{\mathrm{T}}$　　C. $(1,1,0)^{\mathrm{T}}$　　D. $(0,1,1)^{\mathrm{T}}$

三、解答题.

1. 求下列矩阵的特征值和特征向量.

(1) $\begin{pmatrix}1&2&3\\2&1&3\\3&3&6\end{pmatrix}$；

(2) $\begin{pmatrix} 2 & -1 & 2 \\ 5 & -3 & 3 \\ -1 & 0 & -2 \end{pmatrix}$.

2. 设 $\boldsymbol{A}=\begin{pmatrix} 2 & 3 & 2 \\ 1 & 4 & 2 \\ 1 & -3 & 1 \end{pmatrix}$, $\boldsymbol{\alpha}_1=\begin{pmatrix} 3 \\ 1 \\ -3 \end{pmatrix}$, $\boldsymbol{\alpha}_2=\begin{pmatrix} 1 \\ 3 \\ -1 \end{pmatrix}$, $\boldsymbol{\alpha}_3=\begin{pmatrix} 1 \\ 1 \\ -1 \end{pmatrix}$. 验证 $\boldsymbol{\alpha}_1,\boldsymbol{\alpha}_2,\boldsymbol{\alpha}_3$ 是否为 $\boldsymbol{A}$ 的特征向量; 如果是, 就求出对应的特征值.

5.4.3　相似矩阵　矩阵的对角化

一、选择题.

1. 若 n 阶矩阵 $\boldsymbol{A}$ 与 $\boldsymbol{B}$ 相似，则(　　).

A. 它们的特征多项式相同　　B. 它们的特征向量相同

C. 它们具有相同的特征矩阵　　D. 存在矩阵 $\boldsymbol{C}$，使 $\boldsymbol{C}^{-1}\boldsymbol{AC}=\boldsymbol{B}$

2. n 阶矩阵 $\boldsymbol{A}$ 可与对角矩阵 $\boldsymbol{\Lambda}$ 相似的充分必要条件是(　　).

A. $\boldsymbol{A}$ 有 n 个线性无关的特征向量

B. $\boldsymbol{A}$ 有 n 个不同的特征值

C. $\boldsymbol{A}$ 的 n 个列向量线性无关

D. $\boldsymbol{A}$ 有 n 个非零的特征值

3. 下述结论正确的有(　　).

A. n 阶矩阵 $\boldsymbol{A}$ 可对角化的充分必要条件是 $\boldsymbol{A}$ 有 n 个互不相同的特征值

B. n 阶矩阵 $\boldsymbol{A}$ 可对角化的必要条件是 $\boldsymbol{A}$ 有 n 个互不相同的特征值

C. 有相同特征值的两个矩阵一定相似

D. 相似的矩阵一定有相同的特征值

4. 三阶矩阵 $\boldsymbol{A}$ 的特征值为 $\lambda_1=1,\lambda_2=2,\lambda_3=-3$，它们对应的特征向量为 ξ_1,ξ_2,ξ_3，令 $\boldsymbol{P}=2\xi_2,-3\xi_3,4\xi_1$，则 $\boldsymbol{P}^{-1}\boldsymbol{AP}=($　　$)$.

A. $\begin{pmatrix}2&&\\&-3&\\&&1\end{pmatrix}$　　B. $\begin{pmatrix}-2&&\\&1&\\&&-1\end{pmatrix}$

C. $\begin{pmatrix}2&&\\&-3&\\&&4\end{pmatrix}$　　D. $\begin{pmatrix}-3&&\\&2&\\&&1\end{pmatrix}$

5. $\boldsymbol{A}$ 为二阶方阵，$|\boldsymbol{A}|<0$，则(　　).

A. $\boldsymbol{A}$ 与一对角阵相似　　B. $\boldsymbol{A}$ 不能与一对角阵相似

C. 不能确定 $\boldsymbol{A}$ 能否与一对角阵相似　　D. $\boldsymbol{A}=\begin{pmatrix}-1&1\\0&1\end{pmatrix}$

6. n 阶矩阵 $\boldsymbol{A}$ 与 $\boldsymbol{B}$ 相似，$\boldsymbol{E}$ 为单位矩阵，则(　　).

A. $\boldsymbol{A}-\lambda\boldsymbol{E}=\boldsymbol{B}-\lambda\boldsymbol{E}$　　B. $|\boldsymbol{A}-\lambda\boldsymbol{E}|=|\boldsymbol{B}-\lambda\boldsymbol{E}|$

C. $\boldsymbol{A}$ 与 $\boldsymbol{B}$ 有相同的特征向量　　D. $\boldsymbol{A}$ 与 $\boldsymbol{B}$ 都相似于一个对角矩阵

二、解答题.

1. 已知矩阵 $\boldsymbol{A}=\begin{pmatrix}1&-2&-4\\-2&x&-2\\-4&-2&1\end{pmatrix}$ 与 $\boldsymbol{B}=\begin{pmatrix}5&0&0\\0&y&0\\0&0&-4\end{pmatrix}$ 相似，求

(1) x,y；

(2) 可逆矩阵 $\boldsymbol{P}$，使 $\boldsymbol{P}^{-1}\boldsymbol{A}\boldsymbol{P}=\boldsymbol{B}$.

2. 设三阶矩阵 $\boldsymbol{A}$ 的三个特征值为 $2,-2,1$，对应的特征向量依次为

$$\boldsymbol{p}_1=\begin{pmatrix}0\\1\\1\end{pmatrix},\quad \boldsymbol{p}_2=\begin{pmatrix}1\\1\\1\end{pmatrix},\quad \boldsymbol{p}_3=\begin{pmatrix}1\\1\\0\end{pmatrix},$$

求矩阵 $\boldsymbol{A}$ 以及 $\boldsymbol{A}^5$.

5.4.4　实对称矩阵的相似矩阵

一、填空题.

1. 设二阶实对称矩阵 $\boldsymbol{A}$ 的特征值是 1, 2, 对应的特征向量为 $\boldsymbol{\alpha}_1 = (1,2)^{\mathrm{T}}$，$\boldsymbol{\alpha}_2 = (-4,\lambda)^{\mathrm{T}}$，则 $\lambda =$____________.

2. 设三阶实对称矩阵 $\boldsymbol{A}$ 的特征值是 0, 2, 其中 0 是其二重根，则 $R(\boldsymbol{A}) =$____________.

3. 设三阶实对称矩阵 $\boldsymbol{A}$ 的特征值为 $\lambda_1 = \lambda_2 = 1, \lambda_3 = 2$，则矩阵 $\boldsymbol{E} + \boldsymbol{A}^*$ 的特征值为____________.

二、解答题.

1. 设矩阵 $\boldsymbol{A} = \begin{pmatrix} 1 & 0 & 0 \\ 0 & 2 & 3 \\ 0 & 3 & 2 \end{pmatrix}$，求一个正交矩阵 $\boldsymbol{P}$，使得 $\boldsymbol{P}^{-1}\boldsymbol{A}\boldsymbol{P} = \boldsymbol{\Lambda}$.

2. 设矩阵 $\boldsymbol{A}=\begin{pmatrix}4 & 0 & -1\\ 0 & 3 & 0\\ -1 & 0 & 4\end{pmatrix}$，求一个正交矩阵 $\boldsymbol{P}$，使得 $\boldsymbol{P}^{-1}\boldsymbol{A}\boldsymbol{P}=\boldsymbol{\Lambda}$.

3. 设 $\boldsymbol{A}$ 为三阶实对称矩阵，且满足 $\boldsymbol{A}^2+\boldsymbol{A}-2\boldsymbol{E}=\boldsymbol{O}$，已知向量 $\boldsymbol{\alpha}_1=\begin{pmatrix}0\\1\\0\end{pmatrix}$，$\boldsymbol{\alpha}_2=\begin{pmatrix}1\\0\\1\end{pmatrix}$ 是 $\boldsymbol{A}$ 对应特征值 $\lambda=1$ 的特征向量，求 $\boldsymbol{A}^n$，其中 n 为自然数.

5.5　A 组总复习题 5

一、选择题.

1. 设 $\boldsymbol{A},\boldsymbol{B}$ 均为 n 阶方阵, 则下列结论中不正确的是(　　).

A. 若 $\boldsymbol{A}$ 相似于 $\boldsymbol{B}$, 则 $\boldsymbol{A}^{\mathrm{T}}$ 相似于 $\boldsymbol{B}^{\mathrm{T}}$

B. 若 $\boldsymbol{A}$ 相似于 $\boldsymbol{B}$, 且 $\boldsymbol{A}$ 可逆, 则 $\boldsymbol{A}^{-1}$ 相似于 $\boldsymbol{B}^{-1}$

C. 若 $\boldsymbol{A}$ 相似于 $\boldsymbol{B}$, 则 $k\boldsymbol{A}$ 相似于 $k\boldsymbol{B}$

D. 若 $\boldsymbol{A}$ 等价于 $\boldsymbol{B}$, 则 $\boldsymbol{A}$ 相似于 $\boldsymbol{B}$

2. 设 $\boldsymbol{A},\boldsymbol{B}$ 为 n 阶矩阵, 且 $\boldsymbol{A}$ 与 $\boldsymbol{B}$ 相似, 则(　　).

A. $\boldsymbol{A}$ 与 $\boldsymbol{B}$ 相似于同一个对角矩阵

B. $\boldsymbol{A}$ 与 $\boldsymbol{B}$ 有相同的特征值和特征向量

C. $\lambda\boldsymbol{E}-\boldsymbol{A}=\lambda\boldsymbol{E}-\boldsymbol{B}$

D. 对任意常数 t, 有 $t\boldsymbol{E}-\boldsymbol{A}$ 相似于 $t\boldsymbol{E}-\boldsymbol{B}$

3. 三阶矩阵 $\boldsymbol{A}$ 的特征值为 $\lambda_1=-1,\lambda_2=2,\lambda_3=-2$, 它们对应的特征向量分别为 ξ_1,ξ_2,ξ_3, 令 $\boldsymbol{P}=\left(3\xi_2,-\dfrac{3}{5}\xi_3,\dfrac{1}{2}\xi_1\right)$, 则 $\boldsymbol{P}^{-1}\boldsymbol{AP}=($　　$)$.

A. $\begin{pmatrix}2&&\\&-2&\\&&-1\end{pmatrix}$　　B. $\begin{pmatrix}3&&\\&-\dfrac{3}{5}&\\&&\dfrac{1}{2}\end{pmatrix}$

C. $\begin{pmatrix}2&&\\&-1&\\&&-2\end{pmatrix}$　　D. $\begin{pmatrix}-1&&\\&2&\\&&-2\end{pmatrix}$

4. 下述结论正确的有(　　).

A. n 阶矩阵 $\boldsymbol{A}$ 可对角化的充分必要条件是 $\boldsymbol{A}$ 有 n 个互不相同的特征值

B. n 阶矩阵 $\boldsymbol{A}$ 可对角化的必要条件是 $\boldsymbol{A}$ 有 n 个互不相同的特征值

C. 有相同特征值的两个矩阵一定相似

D. 相似的矩阵一定有相同的特征值

5. 设 n 阶矩阵 $\boldsymbol{A}$ 满足关系式 $\boldsymbol{A}^2+k\boldsymbol{A}+6\boldsymbol{E}=\boldsymbol{O}$, 且 $\boldsymbol{A}$ 有特征值 3, 则 $k=($　　$)$.

A. 5　　B. -5　　C. 6　　D. -6

二、填空题.

1. 设向量 $\boldsymbol{\alpha},\boldsymbol{\beta}$ 是实对称矩阵的两个不同的特征值所对应的特征向量, 则 $[\boldsymbol{\alpha},\boldsymbol{\beta}]=$__________.

2. 设 $\boldsymbol{A}$ 为 n 阶矩阵, 若方程 $\boldsymbol{Ax}=\boldsymbol{0}$ 有非零解, 则 $\boldsymbol{A}$ 必有一个特征值为__________.

3. 设 $\boldsymbol{A}$ 为 n 阶矩阵, 其特征值为 $2,4,\cdots,2n$, $\boldsymbol{E}$ 为 n 阶单位矩阵, 则 $|\boldsymbol{A}-3\boldsymbol{E}|=$

____________.

4. 矩阵 $\boldsymbol{A}=\begin{pmatrix}1&1&1&1\\1&1&1&1\\1&1&1&1\\1&1&1&1\end{pmatrix}$ 的非零特征值是____________.

5. $\boldsymbol{A},\boldsymbol{B}$ 均为 n 阶矩阵，$\boldsymbol{A}$ 与 $\boldsymbol{B}$ 相似，$\boldsymbol{B}$ 为正交矩阵，则 $\left|\boldsymbol{A}^2\right|=$____________.

6. 设方阵 $\boldsymbol{A}$ 有一个特征值为 0，则 $\left|\boldsymbol{A}^3\right|=$____________.

三、解答题.

1. 设三阶矩阵 $\boldsymbol{A}=\begin{pmatrix}2&-1&2\\5&a&3\\-1&b&-2\end{pmatrix}$ 有一个特征向量 $\boldsymbol{\eta}=\begin{pmatrix}1\\1\\-1\end{pmatrix}$，求 a,b 和 $\boldsymbol{\eta}$ 对应的特征值 λ.

2. 设方阵 $\boldsymbol{A}$ 有特征值 $\lambda_1=1,\lambda_2=-2,\boldsymbol{x}_1=(1,1,-1)^{\mathrm{T}}$ 和 $\boldsymbol{x}_2=(1,2,1)^{\mathrm{T}}$ 分别是对应的特征向量，试将 $\boldsymbol{\beta}=(3,4,-1)^{\mathrm{T}}$ 表示成 $\boldsymbol{x}_1,\boldsymbol{x}_2$ 的线性组合，并求 $\boldsymbol{A\beta}$.

3. 设 $\boldsymbol{A}=\begin{pmatrix}1&-1&1\\2&4&-2\\-3&-3&a\end{pmatrix}$ 与 $\boldsymbol{B}=\begin{pmatrix}2&0&0\\0&2&0\\0&0&b\end{pmatrix}$ 相似，求

(1) a,b 的值；

(2) 可逆矩阵 $\boldsymbol{P}$，使 $\boldsymbol{P}^{-1}\boldsymbol{AP}=\boldsymbol{B}$.

4. 已知实对称矩阵 $\boldsymbol{A}=\begin{pmatrix}2&-2&0\\-2&1&-2\\0&-2&0\end{pmatrix}$，求正交矩阵 $\boldsymbol{Q}$，使 $\boldsymbol{Q}^{-1}\boldsymbol{AQ}=\boldsymbol{\Lambda}$，$\boldsymbol{\Lambda}$ 为对角矩阵.

5. 设三阶实对称矩阵 $\boldsymbol{A}$ 的特征值为 1(二重)和 -1，并且 $\boldsymbol{\alpha}=(0,1,1)^{\mathrm{T}}$ 是矩阵 $\boldsymbol{A}$ 属于特征值 -1 的特征向量，求 $\boldsymbol{A}$.

四、证明题.

若 $\boldsymbol{A}$ 是正交阵，证明：$\boldsymbol{A}$ 可逆且 $\boldsymbol{A}^{-1}$ 也是正交矩阵.

5.6　B 组总复习题 5

1. 已知两个单位正交向量 $\xi_1=\begin{pmatrix}\frac{1}{9}\\ \frac{-8}{9}\\ \frac{-4}{9}\end{pmatrix},\xi_2=\begin{pmatrix}\frac{-8}{9}\\ \frac{1}{9}\\ \frac{-4}{9}\end{pmatrix}$，试求列向量 ξ_3，使得以 ξ_1,ξ_2,ξ_3 为列向量的矩阵 $\boldsymbol{Q}$ 为正交矩阵.

2. 设 $\boldsymbol{A}$ 为三阶矩阵，$\boldsymbol{\alpha}_1,\boldsymbol{\alpha}_2,\boldsymbol{\alpha}_3$ 是线性无关的三维列向量，且满足：$\boldsymbol{A}\boldsymbol{\alpha}_1=\boldsymbol{\alpha}_1+\boldsymbol{\alpha}_2+\boldsymbol{\alpha}_3$，$\boldsymbol{A}\boldsymbol{\alpha}_2=2\boldsymbol{\alpha}_2+\boldsymbol{\alpha}_3$，$\boldsymbol{A}\boldsymbol{\alpha}_3=2\boldsymbol{\alpha}_2+\boldsymbol{\alpha}_3$，求可逆矩阵 $\boldsymbol{P}$，使得 $\boldsymbol{P}^{-1}\boldsymbol{A}\boldsymbol{P}$ 为对角矩阵.

3. 设三阶方阵 $\boldsymbol{A}$ 的特征值为 $\lambda_1=2$，$\lambda_2=-2$，$\lambda_3=1$，对应的特征向量依次为 $\boldsymbol{p}_1=\begin{pmatrix}0\\1\\1\end{pmatrix}$，$\boldsymbol{p}_2=\begin{pmatrix}1\\1\\1\end{pmatrix}$，$\boldsymbol{p}_3=\begin{pmatrix}1\\1\\0\end{pmatrix}$，求 $\boldsymbol{A}$.

4. 设三阶实对称矩阵 $\boldsymbol{A}$ 的秩为 2，$\lambda_1=\lambda_2=6$ 是 $\boldsymbol{A}$ 的二重特征值. 若 $\boldsymbol{\alpha}_1=\begin{pmatrix}1\\1\\0\end{pmatrix}$，$\boldsymbol{\alpha}_2=\begin{pmatrix}2\\1\\1\end{pmatrix}$，$\boldsymbol{\alpha}_3=\begin{pmatrix}-1\\2\\-3\end{pmatrix}$ 都是 $\boldsymbol{A}$ 的属于特征值 6 的特征向量，求

(1) $\boldsymbol{A}$ 的另一特征值和对应的特征向量;

(2) 矩阵 $\boldsymbol{A}$.

5. 设三阶实对称矩阵 $\boldsymbol{A}$ 的各行元素之和均为 3，向量 $\boldsymbol{\alpha}_1=\begin{pmatrix}-1\\2\\-1\end{pmatrix}$，$\boldsymbol{\alpha}_2=\begin{pmatrix}0\\-1\\1\end{pmatrix}$ 是齐次线性方程组 $\boldsymbol{A}\boldsymbol{x}=\boldsymbol{0}$ 的两个解，求

(1) $\boldsymbol{A}$ 的特征值与特征向量;

(2) 正交矩阵 $\boldsymbol{Q}$ 和对角矩阵 $\boldsymbol{\Lambda}$，使 $\boldsymbol{Q}^{\mathrm{T}}\boldsymbol{A}\boldsymbol{Q}=\boldsymbol{\Lambda}$;

(3) 矩阵 $\boldsymbol{A}$.

6. 已知 $\boldsymbol{A}=\begin{pmatrix}5&\alpha&2\\6&\beta&4\\4&-4&5\end{pmatrix}$ 的两个特征值 $\lambda_1=1,\lambda_2=2$，求常数 α,β 以及 $\boldsymbol{A}$ 的另一个特征值.

7. 设 $\boldsymbol{A}=\begin{pmatrix} a & -1 & c \\ 5 & b & 3 \\ 1-c & 0 & -a \end{pmatrix}$, $|\boldsymbol{A}|=-1$, $\boldsymbol{A}^*$ 有一个特征值为 λ_0, 其对应的一个特征向量为 $\boldsymbol{\alpha}=\begin{pmatrix} -1 \\ -1 \\ 1 \end{pmatrix}$, 求 a,b,c 和 λ_0.

8. 已知 $\boldsymbol{p}=\begin{pmatrix} 1 \\ 1 \\ -1 \end{pmatrix}$ 是矩阵 $\boldsymbol{A}=\begin{pmatrix} 2 & -1 & 2 \\ 5 & a & 3 \\ -1 & b & -2 \end{pmatrix}$ 的一个特征向量.

(1) 求参数 a,b 及特征向量 $\boldsymbol{p}$ 所对应的特征值;

(2) 问 $\boldsymbol{A}$ 能不能相似对角化? 并说明理由.

9. 设三阶实对称矩阵 $\boldsymbol{A}$ 的秩为 2, 且 $\boldsymbol{A}\begin{pmatrix} 1 & 1 \\ 0 & 0 \\ -1 & 1 \end{pmatrix}=\begin{pmatrix} -1 & 1 \\ 0 & 0 \\ 1 & 1 \end{pmatrix}$, 求

(1) $\boldsymbol{A}$ 的所有特征值和特征向量;

(2) 矩阵 $\boldsymbol{A}$.

10. 设三阶矩阵 $\boldsymbol{A}$ 的特征值为 $\lambda_1=-1, \lambda_2=1, \lambda_3=3$, 对应的特征向量分别为 $\xi_1=\begin{pmatrix} 1 \\ -1 \\ 0 \end{pmatrix}$, $\xi_2=\begin{pmatrix} 1 \\ -1 \\ 1 \end{pmatrix}$, $\xi_3=\begin{pmatrix} 0 \\ 1 \\ -1 \end{pmatrix}$, 又 $\boldsymbol{\beta}=\begin{pmatrix} 3 \\ -2 \\ 0 \end{pmatrix}$, 试将 $\boldsymbol{\beta}$ 表示为 ξ_1, ξ_2, ξ_3 的线性组合, 并求 $\boldsymbol{A}^n\boldsymbol{\beta}$ (n 为自然数).

11. 设 $\boldsymbol{A}=\begin{pmatrix} 2 & 1 & 2 \\ 1 & 2 & 2 \\ 2 & 2 & 1 \end{pmatrix}$, 求 $\psi(\boldsymbol{A})=\boldsymbol{A}^{10}-6\boldsymbol{A}^9+5\boldsymbol{A}^8$.

第 6 章　二　次　型

6.1　知识点小结

6.1.1　二次型及其矩阵表示　合同变换和合同矩阵

1. 二次型及其矩阵表示

(1) 二次型 $f = \boldsymbol{x}^{\mathrm{T}}\boldsymbol{A}\boldsymbol{x}$, 其中 $\boldsymbol{A}$ 为对称矩阵, 则对称矩阵 $\boldsymbol{A}$ 称为二次型 f 的矩阵, 矩阵 $\boldsymbol{A}$ 的秩称为二次型的秩.

(2) 二次型的标准形: $f(x_1, x_2, \cdots, x_n) = a_{11}x_1^2 + a_{22}x_2^2 + \cdots + a_{nn}x_n^2$, 系数 $a_{ii}(i = 1, 2, \cdots, n)$ 不全为零.

2. 线性变换

考虑变量 $y_1, y_2, \cdots, y_n$ 到变量 $x_1, x_2, \cdots, x_n$ 的一个线性变换 $\boldsymbol{x} = \boldsymbol{C}\boldsymbol{y}$, 这时线性变换矩阵 $\boldsymbol{C}$ 为 n 阶方阵:

(1) 当 $\boldsymbol{C}$ 是满秩矩阵时($|\boldsymbol{C}| \neq 0$), 上述线性变换 $\boldsymbol{x} = \boldsymbol{C}\boldsymbol{y}$ 称为**满秩线性变换**(或**非退化线性变换**).

(2) 当 $\boldsymbol{C}$ 是降秩矩阵时, 上述线性变换 $\boldsymbol{x} = \boldsymbol{C}\boldsymbol{y}$ 称为降秩线性变换(或退化线性变换).

(3) 当 $\boldsymbol{C}$ 是正交矩阵时, 上述线性变换 $\boldsymbol{x} = \boldsymbol{C}\boldsymbol{y}$ 称为正交线性变换.

3. 矩阵的合同

(1) **合同的定义**　$\boldsymbol{A}, \boldsymbol{B}$ 为 n 阶矩阵, 若存在可逆的矩阵 $\boldsymbol{C}$, 使得 $\boldsymbol{C}^{\mathrm{T}}\boldsymbol{A}\boldsymbol{C} = \boldsymbol{B}$, 则称 $\boldsymbol{A}$ 与 $\boldsymbol{B}$ 合同.

(2) 等价、相似、合同之间的关系:

n 阶矩阵 $\boldsymbol{A}$ 与 $\boldsymbol{B}$ 合同 $\Leftrightarrow$ 若存在可逆的矩阵 $\boldsymbol{C}$, 使得 $\boldsymbol{C}^{\mathrm{T}}\boldsymbol{A}\boldsymbol{C} = \boldsymbol{B}$.

n 阶矩阵 $\boldsymbol{A}$ 与 $\boldsymbol{B}$ 相似 $\Leftrightarrow$ 若存在可逆的矩阵 $\boldsymbol{C}$, 使得 $\boldsymbol{C}^{-1}\boldsymbol{A}\boldsymbol{C} = \boldsymbol{B}$.

n 阶矩阵 $\boldsymbol{A}$ 与 $\boldsymbol{B}$ 等价 $\Leftrightarrow$ 若存在可逆的矩阵 $\boldsymbol{P}, \boldsymbol{Q}$, 使得 $\boldsymbol{P}\boldsymbol{A}\boldsymbol{Q} = \boldsymbol{B}$.

若 $\boldsymbol{A}, \boldsymbol{B}$ 合同, 则 $\boldsymbol{A}, \boldsymbol{B}$ 等价; 反之不然.

若 $\boldsymbol{A}, \boldsymbol{B}$ 相似, 则 $\boldsymbol{A}, \boldsymbol{B}$ 等价; 反之不然.

当 $\boldsymbol{A}$ 是对称矩阵时, 则存在正交矩阵 $\boldsymbol{C}$, 使得 $\boldsymbol{C}^{\mathrm{T}}\boldsymbol{A}\boldsymbol{C} = \boldsymbol{C}^{-1}\boldsymbol{A}\boldsymbol{C} = \boldsymbol{\Lambda}$, 则 $\boldsymbol{A}$ 与 $\boldsymbol{\Lambda}$ 既相似也合同; 反之不然.

6.1.2 化二次型为标准形

要把二次型 $f = \boldsymbol{x}^{\mathrm{T}}\boldsymbol{A}\boldsymbol{x}$ 化为标准形，实质就是对二次型的矩阵 $\boldsymbol{A}$，寻找适当的满秩(可逆)方阵 $\boldsymbol{C}$，使 $\boldsymbol{C}^{\mathrm{T}}\boldsymbol{A}\boldsymbol{C}$ 成为对角矩阵.

1. 正交变换法化二次型为标准形

(1) 将二次型表示成矩阵形式 $f = \boldsymbol{x}^{\mathrm{T}}\boldsymbol{A}\boldsymbol{x}$，求出 $\boldsymbol{A}$；

(2) 求出 $\boldsymbol{A}$ 的所有的特征值 $\lambda_1,\lambda_2,\cdots,\lambda_n$；

(3) 求出 $\boldsymbol{A}$ 的特征值 $\lambda_1,\lambda_2,\cdots,\lambda_n$ 所对应的特征向量 $\boldsymbol{\xi}_1,\boldsymbol{\xi}_2,\cdots,\boldsymbol{\xi}_n$；

(4) 将 $\xi_1,\xi_2,\cdots,\xi_n$ 正交单位化，得 $\boldsymbol{\eta}_1,\boldsymbol{\eta}_2,\cdots,\boldsymbol{\eta}_n$，记 $\boldsymbol{C}=(\boldsymbol{\eta}_1,\boldsymbol{\eta}_2,\cdots,\boldsymbol{\eta}_n)$；

(5) 作正交变换 $\boldsymbol{x}=\boldsymbol{C}\boldsymbol{y}$，得 $f = \boldsymbol{x}^{\mathrm{T}}\boldsymbol{A}\boldsymbol{x}$ 的标准形为 $f=\lambda_1 y_1^2+\lambda_2 y_2^2+\cdots+\lambda_n y_n^2$.

2. 拉格朗日配方法化二次型为标准形

1) 含平方项的二次型

例 用配方法将二次型 $f=x_1^2+2x_2^2+5x_3^2+2x_1x_2+2x_1x_3+6x_2x_3$ 化为标准形.

解 由于 f 中含有变量 x_1 的平方项，故先把含 x_1 的项集中起来配方，再将后三项中含有 x_2 的项集中起来配方，按此方式依次配方，直到全部化成平方项(这样做能保证所作的线性变换是满秩变换)：

$$
\begin{aligned}
f &= x_1^2+2x_2^2+5x_3^2+2x_1x_2+2x_1x_3+6x_2x_3\\
&= x_1^2+2x_1x_2+2x_1x_3+2x_2^2+5x_3^2+6x_2x_3\\
&= (x_1+x_2+x_3)^2+4x_2x_3+x_2^2+4x_3^2\\
&= (x_1+x_2+x_3)^2+(x_2+2x_3)^2\\
&= y_1^2+y_2^2.
\end{aligned}
$$

错误做法:

$$
\begin{aligned}
f &= x_1^2+2x_2^2+5x_3^2+2x_1x_2+2x_1x_3+6x_2x_3\\
&= (x_1^2+2x_1x_2+x_2^2)+(x_1^2+2x_1x_3+x_3^2)+(x_2^2+6x_2x_3+9x_3^2)-x_1^2-5x_3^2\\
&= (x_1+x_2)^2+(x_1+x_3)^2+(x_2+3x_2)^2-x_1^2-5x_3^2\\
&= y_2^2+y_4^2+y_5^2-y_1^2-5y_3^2.
\end{aligned}
$$

上式标准形的平方项的个数是5个，超过了原二次型的3个变量的个数，此时的线性变换不是满秩(可逆)变换，因此上式配方法化二次型是错误的.

2) 不含平方项的二次型

先作一个辅助满秩变换，使其出现平方项，再按 1)的方法进行配方.

3. 初等变换法化二次型为标准形

因为一个二次型对应一个对称矩阵，而标准形对应一个对角矩阵，所以化二次型为标准形的问题就转化为矩阵的变换，使对称矩阵 $\boldsymbol{A}$ 通过初等变换化为对角矩阵 $\boldsymbol{B}$. 即寻

找可逆矩阵 $\boldsymbol{C}$，使 $\boldsymbol{C}^{\mathrm{T}}\boldsymbol{A}\boldsymbol{C}=\boldsymbol{B}$ 为对角矩阵.

由于任一可逆矩阵 $\boldsymbol{C}$ 都可写成若干个初等矩阵的乘积，即存在初等矩阵 $\boldsymbol{P}_1,\boldsymbol{P}_2\cdots,\boldsymbol{P}_s$，使 $\boldsymbol{C}=\boldsymbol{P}_1\boldsymbol{P}_2\cdots\boldsymbol{P}_s$，则 $\boldsymbol{B}=\boldsymbol{C}^{\mathrm{T}}\boldsymbol{A}\boldsymbol{C}=\boldsymbol{P}_s^{\mathrm{T}}\cdots\boldsymbol{P}_2^{\mathrm{T}}\boldsymbol{P}_1^{\mathrm{T}}\boldsymbol{A}\boldsymbol{P}_1\boldsymbol{P}_2\cdots\boldsymbol{P}_s$ 是对角矩阵.

具体步骤:

(1) 构造 $2n\times n$ 的矩阵 $\begin{pmatrix}\boldsymbol{A}\\ \boldsymbol{E}\end{pmatrix}$，对 $\boldsymbol{A}$ 每施以一次初等行变换，就对 $\begin{pmatrix}\boldsymbol{A}\\ \boldsymbol{E}\end{pmatrix}$ 作一次同样的初等列变换;

(2) 当 $\boldsymbol{A}$ 化为对角矩阵时，$\boldsymbol{E}$ 将化为满秩矩阵 $\boldsymbol{P}$；

(3) 得到相应的满秩线性变换 $\boldsymbol{x}=\boldsymbol{P}\boldsymbol{y}$ 及 $f=\boldsymbol{x}^{\mathrm{T}}\boldsymbol{A}\boldsymbol{x}$ 的标准形.

6.1.3 惯性定理 二次型的有定性

1. 惯性定理和规范形

1) 惯性定理

设实二次型 $f=\boldsymbol{x}^{\mathrm{T}}\boldsymbol{A}\boldsymbol{x}$ 的秩为 r，有两个实满秩变换 $\boldsymbol{x}=\boldsymbol{C}\boldsymbol{y}$ 及 $\boldsymbol{x}=\boldsymbol{P}\boldsymbol{z}$，使

$$f=k_1y_1^2+\cdots+k_py_p^2-k_{p+1}y_{p+1}^2-\cdots-k_ry_r^2 \quad (k_i>0,i=1,2,\cdots,r)$$

及

$$f=\lambda_1z_1^2+\cdots+\lambda_qz_q^2-\lambda_{q+1}z_{q+1}^2-\cdots-\lambda_rz_r^2 \quad (\lambda_i>0,i=1,2,\cdots,r),$$

则 $p=q$.

2) 规范形

对二次型的标准形 $f=k_1y_1^2+\cdots+k_py_p^2-k_{p+1}y_{p+1}^2-\cdots-k_ry_r^2$ 再作满秩变换:

$$\begin{pmatrix}y_1\\ \vdots\\ y_r\\ y_{r+1}\\ \vdots\\ y_n\end{pmatrix}=\begin{pmatrix}\frac{1}{\sqrt{k_1}} & & & & & \\ & \ddots & & & & \\ & & \frac{1}{\sqrt{k_r}} & & & \\ & & & 1 & & \\ & & & & \ddots & \\ & & & & & 1\end{pmatrix}=\begin{pmatrix}t_1\\ \vdots\\ t_r\\ t_{r+1}\\ \vdots\\ t_n\end{pmatrix},$$

得 $f=t_1^2+\cdots+t_p^2-t_{p+1}^2-\cdots-t_r^2$，称之为二次型 f 的规范形.

2. 二次型的有定性的概念

设实二次型 $f(x_1,x_2,\cdots,x_n)=\boldsymbol{x}^{\mathrm{T}}\boldsymbol{A}\boldsymbol{x}$，如果对任意的非零向量 $\boldsymbol{x}$，都有

(1) $f=\boldsymbol{x}^{\mathrm{T}}\boldsymbol{A}\boldsymbol{x}>0$，则称 f 是正定二次型，相应的对称矩阵 $\boldsymbol{A}$ 是正定的;

(2) $f=\boldsymbol{x}^{\mathrm{T}}\boldsymbol{A}\boldsymbol{x}<0$，则称 f 是负定二次型，相应的对称矩阵 $\boldsymbol{A}$ 是负定的;

(3) $f = \boldsymbol{x}^{\mathrm{T}}\boldsymbol{A}\boldsymbol{x} \geqslant 0$，则称 f 是半正定二次型，相应的对称矩阵 $\boldsymbol{A}$ 是半正定的；

(4) $f = \boldsymbol{x}^{\mathrm{T}}\boldsymbol{A}\boldsymbol{x} \leqslant 0$，则称 f 是半负定二次型，相应的对称矩阵 $\boldsymbol{A}$ 是半负定的.

二次型及其矩阵的正定(负定)、半正定(半负定)统称为二次型及其矩阵的有定性. 不具有有定性的二次型及矩阵称为不定的.

3. 二次型的正定性的判别法

设二次型 $f(x_1, x_2, \cdots, x_n) = \boldsymbol{x}^{\mathrm{T}}\boldsymbol{A}\boldsymbol{x}$，则下列命题等价:

(1) $f = \boldsymbol{x}^{\mathrm{T}}\boldsymbol{A}\boldsymbol{x}$ 是正定二次型(或 $\boldsymbol{A}$ 是正定矩阵)；

(2) $\boldsymbol{A}$ 的 n 个特征值均大于 0；

(3) $f = \boldsymbol{x}^{\mathrm{T}}\boldsymbol{A}\boldsymbol{x}$ 的正惯性指数为 n；

(4) $\boldsymbol{A}$ 与单位矩阵 $\boldsymbol{E}$ 合同；

(5) 存在可逆的矩阵 $\boldsymbol{C}$，使得 $\boldsymbol{C}^{\mathrm{T}}\boldsymbol{C} = \boldsymbol{A}$；

(6) $\boldsymbol{A}$ 的所有顺序主子式都大于 0.

4. 二次型的负定性的判别法

设二次型 $f(x_1, x_2, \cdots, x_n) = \boldsymbol{x}^{\mathrm{T}}\boldsymbol{A}\boldsymbol{x}$，则下列命题等价:

(1) $f = \boldsymbol{x}^{\mathrm{T}}\boldsymbol{A}\boldsymbol{x}$ 是负定二次型(或 $\boldsymbol{A}$ 是负定矩阵)；

(2) $\boldsymbol{A}$ 的 n 个特征值为负；

(3) $f = \boldsymbol{x}^{\mathrm{T}}\boldsymbol{A}\boldsymbol{x}$ 的负惯性指数为 n；

(4) $\boldsymbol{A}$ 与负单位矩阵 $-\boldsymbol{E}$ 合同；

(5) 存在可逆的矩阵 $\boldsymbol{C}$，使得 $\boldsymbol{C}^{\mathrm{T}}\boldsymbol{C} = -\boldsymbol{A}$；

(6) $\boldsymbol{A}$ 的奇数阶顺序主子式为负，偶数阶顺序主子式为正.

6.2 考研数学大纲要求

6.2.1 考试内容

二次型及其矩阵表示；合同变换与合同矩阵；二次型的秩；惯性定理；二次型的标准形和规范形；用正交变换和配方法化二次型为标准形；二次型及其矩阵的正定性.

6.2.2 考试要求

(1) 了解二次型的概念，会用矩阵形式表示二次型，了解合同变换与合同矩阵的概念.

(2) 了解二次型的秩的概念，了解二次型的标准形、规范形等概念，了解惯性定理，会用正交变换和配方法化二次型为标准形.

(3) 理解正定二次型、正定矩阵的概念，并掌握其判别法.

6.3 典型例题

例 1 写出下列二次型 $f(\boldsymbol{x})=\boldsymbol{x}^{\mathrm{T}}\begin{pmatrix}1&3&5\\2&4&6\\7&8&5\end{pmatrix}\boldsymbol{x}$ 的矩阵 $\boldsymbol{A}$.

【分析】此题考核二次型的定义、二次型的矩阵的定义.

解

$$\begin{aligned}f(\boldsymbol{x})&=\boldsymbol{x}^{\mathrm{T}}\begin{pmatrix}1&3&5\\2&4&6\\7&8&5\end{pmatrix}\boldsymbol{x}=(x_1,x_2,x_3)\begin{pmatrix}1&3&5\\2&4&6\\7&8&5\end{pmatrix}\begin{pmatrix}x_1\\x_2\\x_3\end{pmatrix}\\&=x_1^2+5x_1x_2+12x_1x_3+4x_2^2+14x_2x_3+5x_3^2\\&=\boldsymbol{x}^{\mathrm{T}}\boldsymbol{A}\boldsymbol{x}\quad(\boldsymbol{A}\text{ 是对称矩阵}),\end{aligned}$$

所以 f 的矩阵 $\boldsymbol{A}=\begin{pmatrix}1&\frac{5}{2}&6\\\frac{5}{2}&4&7\\6&7&5\end{pmatrix}$.

例 2 实二次型 $f(x_1,x_2,x_3)=x_1^2+x_2^2+5x_3^2+2tx_1x_2-2x_1x_3+4x_2x_3$，当 t 满足什么条件时是正定的?

【分析】此题考核正定二次型的判定，涉及二次型的矩阵、正定二次型的判定、顺序主子式的定义等.

解 二次型 f 正定的充要条件是 f 对应的矩阵 $\boldsymbol{A}=\begin{pmatrix}1&t&-1\\t&1&2\\-1&2&5\end{pmatrix}$ 正定，而 $\boldsymbol{A}$ 是正定的充要条件是 $\boldsymbol{A}$ 的所有顺序主子式都大于 0，即

$$1>0,$$

$$\begin{vmatrix}1&t\\t&1\end{vmatrix}>0\Rightarrow 1-t^2>0\Rightarrow -1<t<1,$$

$$\begin{vmatrix}1&t&-1\\t&1&2\\-1&2&5\end{vmatrix}>0\Rightarrow -5t^2-4t>0\Rightarrow -\frac{4}{5}<t<0,$$

故当 $-\frac{4}{5}<t<0$ 时, $\boldsymbol{A}$ 是正定的，从而二次型是正定的.

例 3 求一个正交变换化二次型 $f(x_1,x_2,x_3)=x_1^2+4x_2^2+4x_3^2-4x_1x_2+4x_1x_3-8x_2x_3$ 为标准形.

【分析】此题考核正交变换的方法化标准形, 涉及对称矩阵求特征值和特征向量、对称矩阵特征值、特征向量的性质、施密特正交化的方法.

解　二次型 f 对应的矩阵为 $\boldsymbol{A}=\begin{pmatrix}1&-2&2\\-2&4&-4\\2&-4&4\end{pmatrix}$, 则

$$|\boldsymbol{A}-\lambda\boldsymbol{E}|=\begin{vmatrix}1-\lambda&-2&2\\-2&4-\lambda&-4\\2&-4&4-\lambda\end{vmatrix}=\lambda^2(9-\lambda)=0\Rightarrow\lambda_1=\lambda_2=0,\lambda_3=9.$$

当 $\lambda_1=\lambda_2=0$ 时, 解齐次方程 $(\boldsymbol{A}-0\boldsymbol{E})\boldsymbol{x}=\boldsymbol{0}$,

$$\boldsymbol{A}-0\boldsymbol{E}=\begin{pmatrix}1&-2&2\\-2&4&-4\\2&-4&4\end{pmatrix}\to\begin{pmatrix}1&-2&2\\0&0&0\\0&0&0\end{pmatrix},$$

得基础解系

$$\boldsymbol{p}_1=(2,1,0)^{\mathrm{T}},\quad \boldsymbol{p}_2=(-2,0,1)^{\mathrm{T}}.$$

将 $\boldsymbol{p}_1=(2,1,0)^{\mathrm{T}},\boldsymbol{p}_2=(-2,0,1)^{\mathrm{T}}$ 正交化:

$$\boldsymbol{b}_1=\boldsymbol{p}_1=(2,1,0)^{\mathrm{T}},\quad \boldsymbol{b}_2=\boldsymbol{p}_2-\frac{[\boldsymbol{p}_2,\boldsymbol{b}_1]}{[\boldsymbol{b}_1,\boldsymbol{b}_1]}\boldsymbol{b}_1=\frac{1}{5}(-2,4,5)^{\mathrm{T}}.$$

当 $\lambda_3=9$ 时, 解齐次方程 $(\boldsymbol{A}-9\boldsymbol{E})\boldsymbol{x}=\boldsymbol{0}$,

$$\boldsymbol{A}-9\boldsymbol{E}=\begin{pmatrix}-8&-2&2\\-2&-5&-4\\2&-4&-5\end{pmatrix}\to\begin{pmatrix}2&0&-1\\0&1&1\\0&0&0\end{pmatrix},$$

得基础解系

$$\boldsymbol{p}_3=(1,-2,2)^{\mathrm{T}}.$$

再将 $\boldsymbol{b}_1,\boldsymbol{b}_2,\boldsymbol{p}_3$ 单位化:

$$\boldsymbol{e}_1=\left(\frac{2}{\sqrt5},\frac{1}{\sqrt5},0\right)^{\mathrm{T}},\quad \boldsymbol{e}_2=\left(-\frac{2}{3\sqrt5},\frac{4}{3\sqrt5},\frac{5}{3\sqrt5}\right)^{\mathrm{T}},\quad \boldsymbol{e}_3=\left(\frac{1}{3},-\frac{2}{3},\frac{2}{3}\right)^{\mathrm{T}}.$$

所以此二次型的正交变换为

$$\begin{pmatrix}x_1\\x_2\\x_3\end{pmatrix}=\begin{pmatrix}\frac{2}{\sqrt5}&-\frac{2}{3\sqrt5}&\frac{1}{3}\\\frac{1}{\sqrt5}&\frac{4}{3\sqrt5}&-\frac{2}{3}\\0&\frac{5}{3\sqrt5}&\frac{2}{3}\end{pmatrix}\begin{pmatrix}y_1\\y_2\\y_3\end{pmatrix},$$

其标准形为 $f(x_1,x_2,x_3)=9y_3^2$.

例 4　用配方法化二次型 $f=x_1^2-4x_1x_2+2x_1x_3+x_2^2+2x_2x_3-2x_3^2$ 成标准形, 并写出所

用变换的矩阵.

【分析】此题考核配方法化标准形，注意配方后总变量的个数不能超过原二次型的变量总个数.

解

$$\begin{aligned}f&=x_1^2-4x_1x_2+2x_1x_3+x_2^2+2x_2x_3-2x_3^2\\&=((x_1-2x_2+x_3)^2-4x_2^2-x_3^2+4x_2x_3)+x_2^2+2x_2x_3-2x_3^2\\&=(x_1-2x_2+x_3)^2-3x_2^2+6x_2x_3-3x_3^2\\&=(x_1-2x_2+x_3)^2-3(x_2-x_3)^2.\end{aligned}$$

令

$$\begin{cases}y_1=x_1-2x_2+x_3,\\y_2=\quad x_2-x_3,\\y_3=\quad x_3,\end{cases}\quad\text{即}\begin{cases}x_1=y_1+2y_2+y_3,\\x_2=\quad y_2+y_3,\\x_3=\quad y_3,\end{cases}$$

就把 f 化成标准形 $f=y_1^2-3y_2^2$，所用线性变换矩阵为 $\boldsymbol{C}=\begin{pmatrix}1&2&1\\0&1&1\\0&0&1\end{pmatrix}$.

例 5　证明：二次型 $f=\boldsymbol{x}^{\mathrm{T}}\boldsymbol{A}\boldsymbol{x}$ 在 $\|\boldsymbol{x}\|=1$ 时的最大值为矩阵 $\boldsymbol{A}$ 的最大特征值.

证明　$\boldsymbol{A}$ 为实对称矩阵，则有一正交矩阵 $\boldsymbol{P}$，使得

$$\boldsymbol{P}^{\mathrm{T}}\boldsymbol{A}\boldsymbol{P}=\boldsymbol{\Lambda}=\mathrm{diag}(\lambda_1,\lambda_2,\cdots,\lambda_n),$$

其中 $\lambda_1,\lambda_2,\cdots,\lambda_n$ 为 $\boldsymbol{A}$ 的特征值，不妨设 λ_1 最大.

作正交变换 $\boldsymbol{x}=\boldsymbol{P}\boldsymbol{y}$，有

$$f=\boldsymbol{x}^{\mathrm{T}}\boldsymbol{A}\boldsymbol{x}=(\boldsymbol{P}\boldsymbol{y})^{\mathrm{T}}\boldsymbol{A}(\boldsymbol{P}\boldsymbol{y})=\boldsymbol{y}^{\mathrm{T}}(\boldsymbol{P}^{\mathrm{T}}\boldsymbol{A}\boldsymbol{P})\boldsymbol{y}=\boldsymbol{y}^{\mathrm{T}}\boldsymbol{\Lambda}\boldsymbol{y}=\lambda_1y_1^2+\lambda_2y_2^2+\cdots+\lambda_ny_n^2.$$

因为 $\boldsymbol{y}=\boldsymbol{P}\boldsymbol{x}$ 正交变换，所以当 $\|\boldsymbol{x}\|=1$ 时，有

$$\|\boldsymbol{y}\|=\|\boldsymbol{x}\|=1\text{，即}\|\boldsymbol{y}\|=y_1^2+y_2^2+\cdots+y_n^2=1.$$

因此，当 λ_1 最大时，

$$f=\lambda_1y_1^2+\lambda_2y_2^2+\cdots+\lambda_ny_n^2\leqslant\lambda_1y_1^2+\lambda_2y_2^2+\cdots+\lambda_1y_n^2=\lambda_1(y_1^2+y_2^2+\cdots+y_n^2)\leqslant\lambda_1.$$

又当 $y_1=1,y_2=y_3=\cdots=y_n=0$ 时 $f=\lambda_1$，所以 $f_{\max}=\lambda_1$，即证.

6.4　练　习　题

6.4.1　二次型及其矩阵表示　合同变换和合同矩阵

一、填空题.

1. 二次型 $2x_1^2-3x_2^2+x_3^2-2x_1x_2+8x_1x_3+6x_2x_3$ 的矩阵为__________.

2. 如果二次型 $5x_1^2+5x_2^2+cx_3^2-2x_1x_2+6x_1x_3-6x_2x_3$ 的秩为 2，则 $c=$__________.

3. 二次型 $f(x_1,x_2,x_3)=2x_1x_2+2x_1x_3$ 的秩为__________.

二、解答题.

1. 写出下列二次型 f 的矩阵 $\boldsymbol{A}$，并求二次型的秩.

(1) $f(x_1,x_2,x_3)=x_1^2+2x_2^2-3x_3^2+4x_1x_2-6x_2x_3$;

(2) $f(\boldsymbol{x})=\boldsymbol{x}^{\mathrm{T}}\begin{pmatrix}1&2&3\\4&5&6\\7&8&9\end{pmatrix}\boldsymbol{x}$.

2. 写出下列各对称矩阵所对应的二次型.

(1) $\begin{pmatrix} 3 & -1 & 0 \\ -1 & 1 & 0 \\ 0 & 0 & 0 \end{pmatrix}$;

(2) $\begin{pmatrix} 1 & -1 & 2 & -1 \\ -1 & 1 & 3 & -2 \\ 2 & 3 & 1 & 0 \\ -1 & -2 & 0 & 1 \end{pmatrix}$.

三、求二次型 $f(x_1,x_2,x_3)=2x_1^2-x_2^2+2x_1x_3$ 的秩.

6.4.2　化二次型为标准形

一、选择题.

1. 设 $\boldsymbol{A},\boldsymbol{B}$ 均为 n 阶矩阵，$\boldsymbol{x}=(x_1,x_2,\cdots,x_n)^{\mathrm{T}}$，且 $\boldsymbol{x}^{\mathrm{T}}\boldsymbol{A}\boldsymbol{x}=\boldsymbol{x}^{\mathrm{T}}\boldsymbol{B}\boldsymbol{x}$，则当(　　)时，必有 $\boldsymbol{A}=\boldsymbol{B}$.

A. $R(\boldsymbol{A})=R(\boldsymbol{B})$　　B. $\boldsymbol{A}^{\mathrm{T}}=\boldsymbol{A}$

C. $\boldsymbol{B}^{\mathrm{T}}=\boldsymbol{B}$　　D. $\boldsymbol{A}^{\mathrm{T}}=\boldsymbol{A}$ 且 $\boldsymbol{B}^{\mathrm{T}}=\boldsymbol{B}$

2. 设 $\boldsymbol{A},\boldsymbol{B}$ 均为 n 阶矩阵，且 $\boldsymbol{A}$ 与 $\boldsymbol{B}$ 合同，则(　　).

A. $\boldsymbol{A}$ 与 $\boldsymbol{B}$ 相似　　B. $\boldsymbol{A}$ 与 $\boldsymbol{B}$ 有相同的特征值

C. $|\boldsymbol{A}|=|\boldsymbol{B}|$　　D. $R(\boldsymbol{A})=R(\boldsymbol{B})$

3. 设矩阵 $\boldsymbol{A}=\begin{pmatrix}1&0&0\\0&0&1\\0&1&0\end{pmatrix}$，则与 $\boldsymbol{A}$ 合同的矩阵是(　　).

A. $\begin{pmatrix}1&0&0\\0&1&0\\0&0&-1\end{pmatrix}$　　B. $\begin{pmatrix}2&0&0\\0&-1&0\\0&0&-5\end{pmatrix}$

C. $\begin{pmatrix}-1&0&0\\0&-1&0\\0&0&-1\end{pmatrix}$　　D. $\begin{pmatrix}2&0&0\\0&2&0\\0&0&1\end{pmatrix}$

二、解答题.

1. 求一个正交变换将下列二次型化成标准形：$f=2x_1^2+3x_2^2+3x_3^2+4x_2x_3$.

2. 用配方法化下列二次型成标准形，并写出所用变换的矩阵.

(1) $f(x_1,x_2,x_3)=x_1^2+3x_2^2+5x_3^2+2x_1x_2-4x_1x_3$;

(2) $f(x_1,x_2,x_3)=x_1x_2+x_1x_3+x_2x_3$;

(3) $f=x_1^2-4x_1x_2+2x_1x_3+x_2^2+2x_2x_3-2x_3^2$.

6.4.3 惯性定理 二次型的有定性

一、填空题.

1. 二次型 $\boldsymbol{x}^{\mathrm{T}}\boldsymbol{A}\boldsymbol{x}$ 是正定的充要条件是存在__________的线性变换 $\boldsymbol{x}=\boldsymbol{C}\boldsymbol{y}$，使得 $\boldsymbol{x}^{\mathrm{T}}\boldsymbol{A}\boldsymbol{x}=k_1y_1^2+k_2y_2^2+\cdots+k_ny_n^2$，$k_i>0,i=1,2,\cdots,n$.

2. 二次型 $f(x_1,x_2,x_3,x_4)=x_1^2+3x_2^2-2x_3^2-x_4^2$ 的正惯性指数为__________.

3. 二次型 $f(x_1,x_2)=5x_1^2-3x_2^2$ 的规范形是__________.

4. 如果实对称矩阵 $\boldsymbol{A}$ 有一个偶数阶的主子式 $\leqslant 0$，那么 $\boldsymbol{A}$ 是__________矩阵(正定、负定或不定).

二、选择题.

1. 设三阶实对称矩阵 $\boldsymbol{A}$ 的特征值分别为 2, 1, 0, 则 (　　).

A. $\boldsymbol{A}$ 为正定矩阵　　B. $\boldsymbol{A}$ 为半正定矩阵

C. $\boldsymbol{A}$ 为负定矩阵　　D. $\boldsymbol{A}$ 为半负定矩阵

2. 设三阶实对称矩阵 $\boldsymbol{A}$ 与矩阵 $\boldsymbol{B}=\begin{pmatrix}-1&0&0\\0&1&0\\0&0&2\end{pmatrix}$ 合同，则二次型 $\boldsymbol{x}^{\mathrm{T}}\boldsymbol{A}\boldsymbol{x}$ 的规范形为(　　).

A. $-z_1^2+z_2^2+2z_3^2$　　B. $-z_1^2+z_2^2+z_3^2$

C. $z_1^2-z_2^2+z_3^2$　　D. $z_1^2+z_2^2-z_3^2$

3. 二次型 $f=x_1^2+x_2^2-x_4^2$ 的符号差为(　　).

A. 0　　B. 1　　C. −1　　D. 2

4. 不能说明 $\boldsymbol{A}$ 是正定矩阵的是(　　).

A. $\boldsymbol{A}$ 的 n 个特征值全为正　　B. $f=\boldsymbol{x}^{\mathrm{T}}\boldsymbol{A}\boldsymbol{x}$ 的标准形的 n 个系数全为正

C. $\boldsymbol{A}$ 与单位矩阵合同　　D. $f=\boldsymbol{x}^{\mathrm{T}}\boldsymbol{A}\boldsymbol{x}$ 的正惯性指数大于 0

5. 二次型 $f(x_1,x_2,x_3,x_4)=x_1^2+2x_2^2+x_3^2$ 是(　　).

A. 正定二次型　　B. 半正定二次型　　C. 负定二次型　　D. 不定二次型

三、判别下列二次型的正定性.

(1) $f(x_1,x_2,x_3)=-2x_1^2-6x_2^2-4x_3^2+2x_1x_2+2x_1x_3$;

(2) $f = x_1^2 + 3x_2^2 + 9x_3^2 + 19x_4^2 - 2x_1x_2 + 4x_1x_3 + 2x_1x_4 - 6x_2x_4 - 12x_3x_4$.

四、设 $f(x_1, x_2, x_3) = tx_1^2 + tx_2^2 + tx_2^2 + 2x_1x_2 + 2x_1x_3 - 4x_2x_3$，证明：$t > 2$ 时，f 为正定二次型；$t < -1$ 时，f 为负定二次型.

6.5　A 组总复习题 6

一、判断题.

1. 若实对称矩阵 $\boldsymbol{A}$ 的特征值全大于零，则二次型 $f=\boldsymbol{x}^{\mathrm{T}}\boldsymbol{A}\boldsymbol{x}$ 是正定的.　(　　)

2. 若有非零向量 x 使得 $\boldsymbol{x}^{\mathrm{T}}\boldsymbol{A}\boldsymbol{x}>0$，则 $\boldsymbol{A}$ 为正定矩阵.　(　　)

3. 二次型 $f=2x_1^2+x_3^2$ 是正定的.　(　　)

4. $\boldsymbol{A}$ 正定，则 $\boldsymbol{A}$ 的行列式 $|\boldsymbol{A}|>0$.　(　　)

5. 实对称矩阵 $\boldsymbol{A}$ 与 $\boldsymbol{B}$ 合同，则必相似.　(　　)

二、选择题.

1. n 阶实对称矩阵 $\boldsymbol{A}$ 正定的充要条件是(　　).

A. 对于任意非零实数 $x_1,x_2,\cdots,x_n$，有 $(x_1,x_2,\cdots,x_n)\boldsymbol{A}(x_1,x_2,\cdots,x_n)^{\mathrm{T}}>0$

B. $|\boldsymbol{A}|>0$

C. $\boldsymbol{A}$ 的各阶顺序主子式全大于 0

D. $\boldsymbol{A}$ 的特征值非负

2. 设 λ 是正交矩阵 $\boldsymbol{A}$ 的一个实特征值，则(　　).

A. $\lambda^2=1$　　B. $\lambda=1$　　C. $\lambda=-1$　　D. $\lambda=0$

3. 设 $\boldsymbol{A}$ 为正定矩阵，则(　　).

A. $|\boldsymbol{E}+\boldsymbol{A}|<1$　　B. $|\boldsymbol{E}+\boldsymbol{A}|>1$　　C. $|\boldsymbol{E}+\boldsymbol{A}|>0$　　D. $|\boldsymbol{E}+\boldsymbol{A}|=1$

4. 二次型 $f=x_1^2+x_2^2-x_3^2+x_4^2$ 的正惯性指数为(　　).

A. 1　　B. 2　　C. 3　　D. 4

5. 二次型 $f=2x_1x_2+x_1x_3-x_2x_3$ 的秩为(　　).

A. 0　　B. 1　　C. 2　　D. 3

6. 二次型 $f(x_1,x_2,x_3)=x_1^2+4x_1x_2+6x_1x_3+4x_2^2+12x_2x_3+9x_3^2$ 的矩阵为(　　).

A. $\begin{pmatrix}1&2&3\\2&4&6\\3&6&9\end{pmatrix}$　　B. $\begin{pmatrix}1&4&3\\0&4&6\\3&6&9\end{pmatrix}$

C. $\begin{pmatrix}1&2&6\\2&4&6\\0&6&9\end{pmatrix}$　　D. $\begin{pmatrix}1&2&3\\2&4&0\\3&12&9\end{pmatrix}$

7. $\boldsymbol{A}$ 与 $\boldsymbol{B}$ 均为 n 阶正定矩阵，实数 $a,b>0$，则 $a\boldsymbol{A}+b\boldsymbol{B}$ 为(　　).

A. 正定矩阵　　B. 半正定矩阵　　C. 不定矩阵　　D. 负定矩阵

8. 二次型 $f=2x_1^2-3x_3^2+2x_1x_2-4x_2x_3$ 的矩阵是(　　).

A. $\begin{pmatrix}2&2&0\\2&0&-4\\0&-4&-3\end{pmatrix}$　　B. $\begin{pmatrix}2&1&0\\1&0&-2\\0&-2&-3\end{pmatrix}$

C. $\begin{pmatrix} 2 & 1 & 0 \\ 1 & 0 & -2 \\ 0 & -2 & 3 \end{pmatrix}$　　D. $\begin{pmatrix} 2 & 1 & 0 \\ 1 & 0 & 2 \\ 0 & 2 & 3 \end{pmatrix}$

三、用配方法化下列二次型成标准形，并求所用的变换矩阵.

1. $f = x_1^2 - 4x_1x_2 + 2x_1x_3 + x_2^2 + 2x_2x_3 - 2x_3^2$.

2. $f = x_1x_2 + x_1x_3 + 3x_2x_3$.

四、判断二次型 $f(x_1, x_2, \cdots, x_n) = 2\sum_{i=1}^{n} x_i^2 + 2\sum_{1\leqslant i<j\leqslant n} x_i x_j$ 的正定性.

五、用正交变换化二次曲面方程 $5x_1^2 + 5x_2^2 + 3x_3^2 - 2x_1x_2 + 6x_1x_3 - 6x_2x_3 = 1$ 为标准形，并指出它表示何种二次曲面.

六、证明题.

1. $\boldsymbol{A} = (a_{ii})_{n\times n}$ 为正定矩阵，则 $a_{ii} > 0$.

2. 设 $\boldsymbol{A}$ 为正定矩阵，$\boldsymbol{E}$ 为 n 阶单位矩阵，证明：$|\boldsymbol{A} + 2\boldsymbol{E}| > 2$.

6.6 B 组总复习题 6

一、填空题.

1. 二次型 $f(x_1,x_2)=2x_1^2+2x_1x_2-x_2^2$ 的秩为__________.

2. 实对称矩阵 $A=\begin{pmatrix}3&a&0\\a&1&0\\0&0&a\end{pmatrix}$ 为正定矩阵, 则 a 的取值应满足__________.

3. 三阶实对称矩阵 A 的特征值分别为 2, 1, 3, 则 A 的有定性是__________.

二、选择题.

1. 二次型 $f=x_1^2+x_2^2-x_3^2+x_4^2$ 的正惯性指数为(　　).

A. 1　　B. 2　　C. 3　　D. 4

2. 二次型 $f(x_1,x_2,x_3,x_4)=x_1^2+2x_2^2+x_3^2$ 是(　　).

A. 正定二次型　　B. 半正定二次型　　C. 负定二次型　　D. 不定二次型

3. 不能说明 A 是正定矩阵的是(　　).

A. A 的 n 个特征值全为正　　B. $f=\boldsymbol{x}^{\mathrm T}A\boldsymbol{x}$ 的标准形的 n 个系数全为正

C. A 与单位矩阵合同　　D. $f=\boldsymbol{x}^{\mathrm T}A\boldsymbol{x}$ 的正惯性指数大于 0

4. 设矩阵 $A=\begin{pmatrix}0&0&1\\0&1&0\\1&0&0\end{pmatrix}$, 则二次型 $\boldsymbol{x}^{\mathrm T}A\boldsymbol{x}$ 的规范形为(　　).

A. $z_1^2+z_2^2+z_3^2$　　B. $-z_1^2-z_2^2-z_3^2$

C. $z_1^2-z_2^2-z_3^2$　　D. $z_1^2+z_2^2-z_3^2$

5. 设 $A=\begin{pmatrix}1&1&1&1\\1&1&1&1\\1&1&1&1\\1&1&1&1\end{pmatrix}$, $B=\begin{pmatrix}4&0&0&0\\0&0&0&0\\0&0&0&0\\0&0&0&0\\0&0&0&0\end{pmatrix}$, 则 A 与 B (　　).

A. 合同且相似　　B. 合同但不相似

C. 不合同但相似　　D. 不合同也不相似

三、解答题.

1. 求一个正交变换 $\boldsymbol{x}=P\boldsymbol{y}$, 化二次型 $f=5x_1^2+5x_2^2+2x_3^2-8x_1x_2-4x_1x_3+4x_2x_3$ 为标准形, 并求出正交矩阵 P .

2. 将 $f(x_1,x_2,x_3)=2x_1x_2+2x_1x_3-6x_2x_3$ 化为标准形, 并求所作的变换矩阵 C .

3. 化二次型 $f(x_1,x_2,x_3)=2x_1x_2+2x_1x_3-6x_2x_3$ 为规范形, 并求所用的变换矩阵.

4. 问 t 为何值时, 二次型 $f(x_1,x_2,x_3)=-x_1^2-x_2^2-5x_3^2+2tx_1x_2-2x_1x_3+4x_2x_3$ 是负定的.

四、证明题.

1. 设$\boldsymbol{B}$为$m\times n$的实矩阵，$m<n$，证明：$\boldsymbol{A}\boldsymbol{A}^{\mathrm{T}}$为正定的充分条件是$R(\boldsymbol{A})=m$.

2. 设$\boldsymbol{A}$为$m\times n$的实矩阵，试证：$\boldsymbol{A}^{\mathrm{T}}\boldsymbol{A}$是正定矩阵的充要条件是$\boldsymbol{A}$的列向量组线性无关.

3. 设$\boldsymbol{A}$为n阶实方阵，且$|\boldsymbol{A}|\neq 0$，证明：$\boldsymbol{A}^{\mathrm{T}}\boldsymbol{A}$为正定矩阵.

模拟试卷一

一、填空题(本大题共 9 空，每空 2 分，共 18 分).

1. 设矩阵 $\boldsymbol{A}=\begin{pmatrix}1&-2&4\\0&-1&1\\2&1&3\end{pmatrix}$，则 $|\boldsymbol{A}|=$__________，$\boldsymbol{A}$ 的秩为__________.

2. 已知四阶行列式中含有 $a_{11}a_{23}a_{3i}a_{4j}$ 的项取正号，则 $i=$__________，$j=$__________.

3. 设 $\boldsymbol{Ax}=\boldsymbol{0}$，且 $\boldsymbol{A}$ 为三阶方阵，$R(\boldsymbol{A})=2$，则基础解系中有__________个向量.

4. 对称矩阵 $\boldsymbol{A}=\begin{pmatrix}1&0&1\\0&2&0\\1&0&2\end{pmatrix}$对应的二次型是__________，其秩为__________.

5. 已知 $\boldsymbol{\alpha}=(-1,2,-3)$，$\boldsymbol{\beta}=(1,1,-3)$，且 $2\boldsymbol{\alpha}-\boldsymbol{\beta}+3\boldsymbol{\gamma}=\boldsymbol{0}$，则 $\boldsymbol{\gamma}=$__________.

6. 已知三阶矩阵 $\boldsymbol{A}$ 的第三列元素分别为 3,−2,1, 它们的余子式分别为 −2,1,3, 则 $|\boldsymbol{A}|=$__________.

二、单项选择题(本大题共 6 小题，每小题 3 分，共 18 分).

1. 已知向量 $\boldsymbol{\alpha}_1=(-1,k,-2)$，$\boldsymbol{\alpha}_2=(2,1,-1)$，当 $k=($　　)时，$\boldsymbol{\alpha}_1,\boldsymbol{\alpha}_2$ 正交.

A. −2　　B. 0　　C. 2　　D. 4

2. 已知 n 阶方阵 $\boldsymbol{A},\boldsymbol{B}$ 的满足 $\boldsymbol{AB}=\boldsymbol{O}$，则(　　).

A. $\boldsymbol{A}=\boldsymbol{O}$ 或 $\boldsymbol{B}=\boldsymbol{O}$　　B. $\boldsymbol{A}\neq\boldsymbol{O}$ 且 $\boldsymbol{B}\neq\boldsymbol{O}$

C. $|\boldsymbol{A}|=0$ 或 $|\boldsymbol{B}|=0$　　D. $|\boldsymbol{A}|=|\boldsymbol{B}|=0$

3. 已知 n 阶方阵 $\boldsymbol{A},\boldsymbol{B}$ 满足 $|\boldsymbol{AB}|=2$，则(　　).

A. $R(\boldsymbol{A})<n$　　B. $R(\boldsymbol{A})=2$

C. $\boldsymbol{A}$ 的列向量线性相关　　D. $\boldsymbol{A}$ 的列向量线性无关

4. 已知向量 $\boldsymbol{\alpha}_1=(1,1,1)^{\mathrm{T}}$，$\boldsymbol{\alpha}_2=(2,1,1)^{\mathrm{T}}$，$\boldsymbol{\alpha}_3=(0,-1,t)^{\mathrm{T}}$ 线性相关，则 $t=($　　).

A. 0　　B. 1　　C. −1　　D. 2

5. 设 $f(x)=\begin{vmatrix}2x&1&3\\x&x&0\\1&2&x\end{vmatrix}$，则 x 项的系数为(　　).

A. 3　　B. 2　　C. 1　　D. 0

6. 设 $\boldsymbol{A}$ 为三阶方阵，$\boldsymbol{A}$ 的特征值为−1, 1, −2, 且 $\boldsymbol{B}=\boldsymbol{A}^2+\boldsymbol{A}+\boldsymbol{E}$，则 $|\boldsymbol{B}|=($　　).

A. −2　　B. 2　　C. −9　　D. 9

三、计算题(本大题共 2 小题, 每小题 10 分, 共 20 分).

1. 设矩阵 $\boldsymbol{A}=\begin{pmatrix}3&0&0\\1&-1&0\\1&3&-2\end{pmatrix},\boldsymbol{B}=\begin{pmatrix}1&0&0\\-1&2&0\\3&-4&4\end{pmatrix}$, 求$|\boldsymbol{AB}^{\mathrm{T}}|$, $|\boldsymbol{A}+\boldsymbol{B}|$, $\left|-\frac{1}{2}\boldsymbol{B}^*\right|$.

2. 已知矩阵 $\boldsymbol{A}=\begin{pmatrix}1&1\\1&2\end{pmatrix}$满足 $\boldsymbol{AX}=\boldsymbol{A}+2\boldsymbol{E}$, 求 $\boldsymbol{X}$.

四、证明题(本大题共 1 小题, 每小题 8 分, 共 8 分).

已知 $\boldsymbol{A},\boldsymbol{B}$ 为反对称阵, 证明: $\boldsymbol{AB}+\boldsymbol{BA}$ 为对称阵, $\boldsymbol{AB}-\boldsymbol{BA}$ 为反对称阵.

五、解答题(本大题共 3 小题, 每小题 12 分, 共 36 分).

1. 判断线性方程组$\begin{cases}x_1+2x_2-x_3=1,\\3x_1+2x_2+5x_3=-1,\\5x_1+6x_2+3x_3=1\end{cases}$是否有解? 若有解, 用其导出组的基础解系表示其通解.

2. 设 $\boldsymbol{A}$ 为 n 阶方阵, 满足 $\boldsymbol{A}^2-2\boldsymbol{A}-4\boldsymbol{E}=\boldsymbol{O}$, 证明: $\boldsymbol{A}$ 与 $\boldsymbol{A}+\boldsymbol{E}$ 均为可逆矩阵, 并求出 $\boldsymbol{A}^{-1}$, $(\boldsymbol{A}+\boldsymbol{E})^{-1}$.

3. 求方阵 $\boldsymbol{A}=\begin{pmatrix}1&3&1\\2&2&1\\0&0&-1\end{pmatrix}$的特征值与特征向量, 并判断 $\boldsymbol{A}$ 是否相似于对角矩阵.

模拟试卷二

一、填空题(本大题共 6 小题, 每小题 3 分, 共 18 分).

1. 5 级排列 32514 的逆序数为___________.

2. 已知 $\begin{vmatrix} x & y & z \\ 3 & 0 & 2 \\ 1 & 1 & 1 \end{vmatrix} = 1$, 则 $\begin{vmatrix} x & y & z \\ x+3 & y & z+2 \\ 2 & 2 & 2 \end{vmatrix} =$___________.

3. 设 $\boldsymbol{A}$ 为三阶方阵, 且 $|\boldsymbol{A}|=2$, 则 $\left|\left(\frac{1}{2}\boldsymbol{A}\right)^{-1}+\boldsymbol{A}^*\right|=$___________.

4. 若 $\boldsymbol{A}=(1,-2,3)$, 则 $\boldsymbol{A}\boldsymbol{A}^{\mathrm{T}}=$___________.

5. 已知三阶矩阵 $\boldsymbol{A}$ 的三个特征值为 $-2,1,3$, 则 $|\boldsymbol{A}^*|=$___________.

6. 二次型 $f(x_1,x_2,x_3)=x_1^2+x_2^2+x_3^2-2x_1x_2$ 的秩是___________.

二、单项选择题(本大题共 6 小题, 每小题 3 分, 共 18 分).

1. 已知四阶方阵 $\boldsymbol{A}$, 其第三列元素分别为 1, 3, -2, 2, 它们的余子式的值分别为 3, -2, 1, 1, 则行列式 $|\boldsymbol{A}|=$(　　).

A. 5　　B. -5　　C. -3　　D. 3

2. 设 $\boldsymbol{A},\boldsymbol{B},\boldsymbol{C}$ 为 n 阶方阵, 则下列正确的是(　　).

A. 若 $\boldsymbol{AB}=\boldsymbol{O},\boldsymbol{B}\neq\boldsymbol{O}$, 则 $\boldsymbol{A}=\boldsymbol{O}$　　B. $(\boldsymbol{A}+\boldsymbol{B})^2=\boldsymbol{A}^2+2\boldsymbol{AB}+\boldsymbol{B}^2$

C. 若 $\boldsymbol{AC}=\boldsymbol{BC},\boldsymbol{C}$ 可逆, 则 $\boldsymbol{A}=\boldsymbol{B}$　　D. $(\boldsymbol{A}+\boldsymbol{B})^{-1}=\boldsymbol{A}^{-1}+\boldsymbol{B}^{-1}$

3. 设 $\boldsymbol{A}$ 为 3×4 矩阵, 若矩阵 $\boldsymbol{A}$ 的秩为 2, 则矩阵 $3\boldsymbol{A}^{\mathrm{T}}$ 的秩等于(　　).

A. 1　　B. 2　　C. 3　　D. 4

4. 设向量组 $\boldsymbol{\alpha}_1,\boldsymbol{\alpha}_2,\cdots,\boldsymbol{\alpha}_s$ 线性无关, 则下列各结论中**不正确**的是(　　).

A. $\boldsymbol{\alpha}_1,\boldsymbol{\alpha}_2,\cdots,\boldsymbol{\alpha}_s$ 都不是零向量

B. $\boldsymbol{\alpha}_1,\boldsymbol{\alpha}_2,\cdots,\boldsymbol{\alpha}_s$ 中至少有一个向量可由其余向量线性表示

C. $\boldsymbol{\alpha}_1,\boldsymbol{\alpha}_2,\cdots,\boldsymbol{\alpha}_s$ 中任意两个向量都不成比例

D. $\boldsymbol{\alpha}_1,\boldsymbol{\alpha}_2,\cdots,\boldsymbol{\alpha}_s$ 中任一部分组线性无关

5. 设 $\boldsymbol{\alpha}$ 是 n 阶可逆矩阵 $\boldsymbol{A}$ 属于特征值 2 的特征向量, 则 $\boldsymbol{\alpha}$ 也是矩阵 $\left(\frac{1}{3}\boldsymbol{A}^2\right)^{-1}$ 属于特征值(　　)的特征向量.

A. $\frac{4}{3}$　　B. $\frac{1}{4}$　　C. $\frac{1}{2}$　　D. $\frac{3}{4}$

6. 若 n 阶矩阵 $\boldsymbol{A}$ 与 $\boldsymbol{B}$ 合同, 则它们有相同的(　　).

A. 秩　　B. 特征值　　C. 逆矩阵　　D. 行列式

三、判断题(本大题共 7 小题, 每小题 2 分, 共 14 分).

1. 若线性方程组 $\boldsymbol{Ax}=\boldsymbol{0}$ 中方程的个数小于未知量的个数, 则方程组一定有非零解.　(　　)

2. 两个初等矩阵的乘积仍为初等矩阵.　(　　)

3. n 阶行列式 D 不为零的充分必要条件是 D 的所有元素都不为零.　(　　)

4. n 阶方阵 $\boldsymbol{A}$ 与它的转置矩阵 $\boldsymbol{A}^{\mathrm{T}}$ 有相同的特征值和特征向量.　(　　)

5. 当 $t=-3$ 时, 向量组 $\boldsymbol{\alpha}_1=(1,-1,1),\boldsymbol{\alpha}_2=(1,2,1),\boldsymbol{\alpha}_3=(-3,3,t)$ 线性相关.　(　　)

6. 若 n 阶矩阵 $\boldsymbol{A},\boldsymbol{B}$ 都是对称矩阵, 则 $\boldsymbol{AB}-\boldsymbol{BA}$ 必为反对称矩阵.　(　　)

7. 若一个向量组线性无关, 则它必是正交向量组.　(　　)

四、计算题(本大题共 2 小题, 每小题 10 分, 共 20 分; 要求写出主要计算步骤及结果).

1. 计算行列式 $D=\begin{vmatrix}1&2&-1&2\\3&10&1&5\\1&-2&0&3\\-2&-4&1&6\end{vmatrix}$.

2. 设矩阵 $\boldsymbol{A}=\begin{pmatrix}2&2&1\\1&1&0\\-1&2&3\end{pmatrix}$, 求矩阵 $\boldsymbol{B}$, 使 $\boldsymbol{AB}=\boldsymbol{A}+2\boldsymbol{B}$.

五、解答题(本大题共 3 小题, 每小题 10 分, 共 30 分; 要求写出主要解答过程及结果).

1. 下面线性方程组是否有解? 若有无穷多解, 用其导出组的基础解系表示该方程组的通解.

$$\begin{cases}x_1-x_2-x_3+x_4=0,\\x_1-x_2+x_3-3x_4=2,\\x_1-x_2-2x_3+3x_4=-1.\end{cases}$$

2. 设向量组 $\boldsymbol{\alpha}_1=(2,1,1)^{\mathrm{T}},\boldsymbol{\alpha}_2=(-1,1,7)^{\mathrm{T}}$, $\boldsymbol{\alpha}_3=(3,1,-1)^{\mathrm{T}}$, $\boldsymbol{\alpha}_4=(8,5,9)^{\mathrm{T}}$. 试求

(1) 该向量组的秩, 并判断向量组的线性相关性;

(2) 该向量组的一个最大线性无关组, 并将其余向量用此最大线性无关组线性表示.

3. 已知矩阵 $\boldsymbol{A}=\begin{pmatrix}1&1&0\\1&1&0\\0&0&3\end{pmatrix}$ 与 $\boldsymbol{B}=\begin{pmatrix}0&0&0\\0&3&0\\0&0&a\end{pmatrix}$ 相似, 求

(1) a 的值;　　(2) 可逆矩阵 $\boldsymbol{P}$, 使 $\boldsymbol{P}^{-1}\boldsymbol{AP}=\boldsymbol{B}$.

模拟试卷三

一、单项选择题(本大题共 5 小题, 每小题 3 分, 共 15 分).

1. 下列结论中, 不正确的是(　　).

A. 设 $\boldsymbol{A}$ 为 n 阶矩阵, 则 $(\boldsymbol{A}-\boldsymbol{E})(\boldsymbol{A}+\boldsymbol{E})=\boldsymbol{A}^2-\boldsymbol{E}$

B. 设 $\boldsymbol{A},\boldsymbol{B}$ 均为 $n\times 1$ 矩阵, 则 $\boldsymbol{A}^{\mathrm{T}}\boldsymbol{B}=\boldsymbol{B}^{\mathrm{T}}\boldsymbol{A}$

C. 设 $\boldsymbol{A},\boldsymbol{B}$ 均为 n 阶矩阵, 且满足 $\boldsymbol{AB}=\boldsymbol{O}$, 则 $(\boldsymbol{A}+\boldsymbol{B})^2=\boldsymbol{A}^2+\boldsymbol{B}^2$

D. 设 $\boldsymbol{A},\boldsymbol{B}$ 均为 n 阶矩阵, 且满足 $\boldsymbol{AB}=\boldsymbol{BA}$, 则 $\boldsymbol{A}^k\boldsymbol{B}^m=\boldsymbol{B}^m\boldsymbol{A}^k(k,m\in\mathbf{N})$

2. 设 $\boldsymbol{A},\boldsymbol{B}$ 均为 n 阶矩阵, k 为正整数, 则下列各式中不正确的是(　　).

A. $|\boldsymbol{A}^{\mathrm{T}}+\boldsymbol{B}^{\mathrm{T}}|=|\boldsymbol{A}+\boldsymbol{B}|$　　B. $|\boldsymbol{A}^{\mathrm{T}}+\boldsymbol{B}^{\mathrm{T}}|=|\boldsymbol{A}|+|\boldsymbol{B}|$

C. $|\boldsymbol{AB}|=|\boldsymbol{BA}|$　　D. $|(\boldsymbol{AB})^k|=|\boldsymbol{A}|^k|\boldsymbol{B}|^k$

3. 若向量组 $\boldsymbol{\alpha}_1,\boldsymbol{\alpha}_2,\boldsymbol{\alpha}_3$ 线性无关, $\boldsymbol{\alpha}_1,\boldsymbol{\alpha}_2,\boldsymbol{\alpha}_4$ 线性相关, 则(　　).

A. 向量 $\boldsymbol{\alpha}_1$ 一定可由 $\boldsymbol{\alpha}_2,\boldsymbol{\alpha}_3,\boldsymbol{\alpha}_4$ 线性表示

B. 向量 $\boldsymbol{\alpha}_2$ 一定不可由 $\boldsymbol{\alpha}_1,\boldsymbol{\alpha}_3,\boldsymbol{\alpha}_4$ 线性表示

C. 向量 $\boldsymbol{\alpha}_4$ 一定可由 $\boldsymbol{\alpha}_1,\boldsymbol{\alpha}_2,\boldsymbol{\alpha}_3$ 线性表示

D. 向量 $\boldsymbol{\alpha}_4$ 一定不可由 $\boldsymbol{\alpha}_1,\boldsymbol{\alpha}_2,\boldsymbol{\alpha}_3$ 线性表示

4. 设 $\boldsymbol{A},\boldsymbol{B}$ 均为 n 阶方阵, 则下列结论中不正确的是(　　).

A. 若 $\boldsymbol{A}$ 相似于 $\boldsymbol{B}$, 则 $\boldsymbol{A}^{\mathrm{T}}$ 相似于 $\boldsymbol{B}^{\mathrm{T}}$

B. 若 $\boldsymbol{A}$ 相似于 $\boldsymbol{B}$, 且 $\boldsymbol{A}$ 可逆, 则 $\boldsymbol{A}^{-1}$ 相似于 $\boldsymbol{B}^{-1}$

C. 若 $\boldsymbol{A}$ 相似于 $\boldsymbol{B}$, 且 $\boldsymbol{A}$ 可逆, 则 $\boldsymbol{A},\boldsymbol{B}$ 都相似于单位矩阵 $\boldsymbol{E}$

D. 若 $\boldsymbol{A}$ 等价于 $\boldsymbol{B}$, 则 $\boldsymbol{A}$ 相似于 $\boldsymbol{B}$

5. 设 $\boldsymbol{A},\boldsymbol{B}$ 均为 n 阶方阵, 且 $\boldsymbol{A}$ 合同于 $\boldsymbol{B}$, 则(　　).

A. $\boldsymbol{A},\boldsymbol{B}$ 有相同的特征值　　B. $|\boldsymbol{A}|=|\boldsymbol{B}|$

C. $\boldsymbol{A}$ 与 $\boldsymbol{B}$ 相似　　D. $R(\boldsymbol{A})=R(\boldsymbol{B})$

二、填空题(本大题共 5 小题, 每小题 3 分, 共 15 分).

1. 行列式 $\begin{vmatrix}2&0&0&1\\0&2&1&0\\0&1&2&0\\1&0&0&2\end{vmatrix}=$____________.

2. 设 $\boldsymbol{A}$ 为 n 阶可逆矩阵, $n\geqslant 2$, $\boldsymbol{A}^*$ 是其伴随矩阵, 则 $(\boldsymbol{A}^*)^*=$____________.

3. 已知向量组 $\boldsymbol{\alpha}_1=(1,2,-1,1)^{\mathrm{T}},\boldsymbol{\alpha}_2=(2,0,t,0)^{\mathrm{T}},\boldsymbol{\alpha}_3=(0,-4,5,-2)^{\mathrm{T}}$ 的秩为 2, 则

$t=$__________.

4. 若线性方程组$\begin{cases} x_1+x_2=-a_1, \\ x_2+x_3=a_2, \\ x_3+x_4=-a_3, \\ x_4+x_1=a_4 \end{cases}$有解，则常数$a_1,a_2,a_3,a_4$应满足条件__________.

5. 已知三阶矩阵$\boldsymbol{A}$的三个特征值为$-2,3,4$，则$\boldsymbol{A}^*$的特征值为__________.

三、证明题(本大题共 1 小题，每小题 5 分，共 5 分).

试证二次型$f(x_1,x_2,\cdots,x_n)=2\sum_{i=1}^{n}x_i^2+2\sum_{1\leqslant i<j\leqslant n}x_ix_j$为正定二次型.

四、计算题(本大题共 3 小题，每小题 10 分，共 30 分).

1. 设行列式$\begin{vmatrix} 2 & -3 & 1 & 5 \\ -1 & 5 & 7 & -8 \\ 2 & 2 & 2 & 2 \\ 0 & 1 & -1 & 0 \end{vmatrix}$，计算

(1) $A_{11}+A_{12}+A_{13}+A_{14}$，其中$A_{ij}$为$a_{ij}$的代数余子式;

(2) $M_{14}+M_{24}+M_{34}+M_{44}$，其中$M_{ij}$为$a_{ij}$的余子式.

2. 设三阶矩阵$\boldsymbol{A}$的三个特征值为$1,0,-1$，对应的特征向量依次为

$$\boldsymbol{p}_1=\begin{pmatrix} 1 \\ 2 \\ 2 \end{pmatrix},\quad \boldsymbol{p}_2=\begin{pmatrix} 2 \\ -2 \\ 1 \end{pmatrix},\quad \boldsymbol{p}_3=\begin{pmatrix} -2 \\ -1 \\ 2 \end{pmatrix},$$

求矩阵$\boldsymbol{A}$以及$\boldsymbol{A}^{50}$.

3. 设矩阵$\boldsymbol{A}=\begin{pmatrix} 1 & 1 & -1 \\ -1 & 1 & 1 \\ 1 & -1 & 1 \end{pmatrix}$. 矩阵$\boldsymbol{X}$满足$\boldsymbol{A}^*\boldsymbol{X}=\boldsymbol{A}^{-1}+2\boldsymbol{X}$，其中$\boldsymbol{A}^*$是$\boldsymbol{A}$的伴随矩阵，求矩阵$\boldsymbol{X}$.

五、解答题(本大题共 2 小题，第一小题 12 分，第二小题 8 分，共 20 分).

1. 当a,b为何值时，方程组$\begin{cases} x_1+x_2+x_3+x_4=0, \\ x_2+2x_3+2x_4=1, \\ -x_2+(a-3)x_3-2x_4=b, \\ 3x_1+2x_2+x_3+ax_4=-1 \end{cases}$

(1) 有唯一解? (不需求出解)　　(2) 无解?　　(3) 有无穷解? (不需求出解)

2. 设四元非齐次线性方程组$\boldsymbol{Ax}=\boldsymbol{b}$的系数矩阵的秩为 3. 已知$\boldsymbol{\eta}_1,\boldsymbol{\eta}_2,\boldsymbol{\eta}_3$是它的三个

解，且 $\boldsymbol{\eta}_1=\begin{pmatrix}2\\3\\4\\5\end{pmatrix},\boldsymbol{\eta}_2+\boldsymbol{\eta}_3=\begin{pmatrix}1\\2\\3\\4\end{pmatrix}$，求该方程组的通解.

六、应用题(本大题共 1 小题，每小题 15 分，共 15 分).

用正交变换化二次曲面方程 $5x_1^2+5x_2^2+3x_3^2-2x_1x_2+6x_1x_3-6x_2x_3=1$ 为标准形，并指出它表示何种二次曲面.

参 考 答 案

1.4

一、1. × 2. √

二、1. D 2. A 3. B

三、1. $\begin{pmatrix} 1 & 0 & \frac{3}{2} & 1 \\ 0 & 1 & -\frac{7}{2} & 2 \\ 0 & 0 & 0 & 0 \end{pmatrix}$ 2. $\begin{pmatrix} 1 & 0 & 0 & 0 \\ 0 & 1 & 0 & 0 \\ 0 & 0 & 1 & -2 \end{pmatrix}$ 3. $\begin{pmatrix} 1 & 0 & 0 & 4 \\ 0 & 1 & 2 & -1 \\ 0 & 0 & 0 & 0 \\ 0 & 0 & 0 & 0 \end{pmatrix}$

四、1. 无解 2. $\begin{cases} x_1 = c_1 + 2c_2 + 1, \\ x_2 = c_1 + 3c_2 - 1, \\ x_3 = c_1, \\ x_4 = c_2, \end{cases}$ 其中 c_1，c_2 为任意常数

2.4

2.4.1

一、1. −2 2. $xy(y-x)$ 3. $-\cos 2\theta$ 4. 6 5. $3a^2$ 6. −18

二、$bc^2 + ab^2 + a^2c - a^2b - b^2c - ac^2$ 或 $(c-a)(c-b)(b-a)$

三、$x=2$ 或 $x=3$

2.4.2

一、1. × 2. × 3. √ 4. ×

二、1. B 2. D

三、1. 9, 奇 2. $\frac{n(n-1)}{2}$ 3. 负 4. 正 5. 1, 4 6. 0, 0 7. 24

四、1. 0 2. $(-1)^{\frac{n(n-1)}{2}} \cdot n!$

2.4.3

一、1. × 2. × 3. √ 4. ×

二、1. D 2. C 3. A

三、1. 12246000　2. $(-1)^{2+1}\cdot\begin{vmatrix}2 & 3\\8 & 9\end{vmatrix}$　3. -3　4. $-8a$

四、1. 0　2. 0　3. $x^n+(-1)^{n+1}y^n$　4. 0

2.4.4

一、1. √　2. ×

二、1. -3　2. 77　3. 0

三、1. -9　2. 40

四、1. -15　2. 112　3. -2　4. $(d-a)(d-b)(d-c)(c-a)(c-b)(b-a)$

5. $(a+b+c)(b-a)(c-b)(c-a)$

2.4.5

一、1. ×　2. √

二、1. B　2. D

三、1. $\begin{cases}x_1=3\\x_2=4\\x_3=5\end{cases}$　2. $\begin{cases}x_1=1\\x_2=-2\\x_3=0\\x_4=\dfrac{1}{2}\end{cases}$

2.5

一、1. C　2. A　3. D　4. C　5. B

二、1. $2x^3-6x^2+6$　2. 11　3. 2, 1　4. 5

三、1. 38　2. $\lambda^4+\lambda^3+2\lambda^2+3\lambda+4$

3. $abc(b-a)(c-a)(c-b)$　4. $(-1)^{\frac{n(n-1)}{2}}(-4)^{n-1}(n-4)$　5. $a^{n-2}(a^2-1)$

四、略

2.6

一、1. C　2. C　3. D　4. B　5. A

二、1. $a_{11}a_{23}a_{34}a_{42}$　2. $-\dfrac{1}{3}$　3. -3　4. -28　5. 0, 0

三、1. $n!$　2. $n!(n-1)!(n-2)!\cdots2!1!$

四、$x>8$或$x<-6$

五、当$n=1$时，$D_1=a_1-b_1$；当$n=2$时，$D_2=a_1b_1+a_2b_2-a_1b_2-a_2b_1$；

当$n>2$时，$D_n=0$

3.4

3.4.1

一、1. $\begin{pmatrix} 2 & 5 \\ 18 & 7 \end{pmatrix}$　2. $\boldsymbol{AB}=\boldsymbol{BA}$　3. $\begin{pmatrix} 1 & 1 & 1 \\ 1 & 5 & 5 \\ 1 & 5 & 14 \end{pmatrix}$

二、1. B　2. C

三、1. $\begin{pmatrix} 2 & 2 \\ -2 & 0 \\ 6 & 1 \end{pmatrix}$　2. $\boldsymbol{E}$

3. $\boldsymbol{A}^{\mathrm{T}}\boldsymbol{A}=\begin{pmatrix} 14 & -4 & 8 \\ -4 & 2 & -2 \\ 8 & -2 & 10 \end{pmatrix}, \boldsymbol{A}\boldsymbol{A}^{\mathrm{T}}=\begin{pmatrix} 4 & -2 & 6 \\ -2 & 3 & -1 \\ 6 & -1 & 19 \end{pmatrix}$

4. $\boldsymbol{A}^2=\begin{pmatrix} 1 & 2 & 1 & 0 \\ 0 & 1 & 2 & 1 \\ 0 & 0 & 1 & 2 \\ 0 & 0 & 0 & 1 \end{pmatrix}, \boldsymbol{A}^3=\begin{pmatrix} 1 & 3 & 3 & 1 \\ 0 & 1 & 3 & 3 \\ 0 & 0 & 1 & 3 \\ 0 & 0 & 0 & 1 \end{pmatrix}, \boldsymbol{A}^n=\begin{pmatrix} 1 & n & \mathrm{C}_n^2 & \mathrm{C}_n^3 \\ 0 & 1 & n & \mathrm{C}_n^2 \\ 0 & 0 & 1 & n \\ 0 & 0 & 0 & 1 \end{pmatrix}$

3.4.2

一、1. 24　2. 24　3. 64　4. $\boldsymbol{A}^*=\begin{pmatrix} 1 & 3 & 3 \\ 2 & -4 & 1 \\ 1 & -2 & -2 \end{pmatrix}$　5. -32

二、1. B　2. D　3. A　4. D

三、略

四、$9(a^2+b^2)^2$

3.4.3

一、1. A　2. B　3. C

二、1. $\begin{pmatrix} 0 & 0 & 0 & 1/4 \\ 0 & 0 & 1/3 & 0 \\ 0 & 1/2 & 0 & 0 \\ 1 & 0 & 0 & 0 \end{pmatrix}$　2. $\begin{pmatrix} 1/6 & 0 & 0 \\ 1/3 & 1/3 & 0 \\ 1/2 & 1/2 & 1/2 \end{pmatrix}$　3. $\begin{pmatrix} -1 & -2 & -3 \\ 0 & -1 & 2 \\ 0 & 0 & 1 \end{pmatrix}$

4. $\begin{pmatrix} 1/3 & 0 \\ 1/3 & 2 \end{pmatrix}$　5. 1

三、1. $\begin{pmatrix} 5 & -2 & -1 \\ -2 & 2 & 0 \\ -1 & 0 & 1 \end{pmatrix}$　　2. $\begin{pmatrix} 1 & 0 \\ -4 & -4 \\ 7 & 7 \end{pmatrix}$

四、略

3.4.4

一、1. $\begin{pmatrix} 1 & -1 & 0 \\ -1 & 2 & 0 \\ 0 & 0 & 1/2 \end{pmatrix}$　　2. 32　　3. $\begin{pmatrix} 0 & 0 & -4 & 3 \\ 0 & 0 & 7/2 & -5/2 \\ -2 & 1 & 0 & 0 \\ 3/2 & -1/2 & 0 & 0 \end{pmatrix}$

二、1. 4　　2. $\begin{pmatrix} 0 & -2 & 0 & 0 \\ -2 & -4 & 0 & 0 \\ 0 & 0 & -1 & -3 \\ 0 & 0 & -5 & -7 \end{pmatrix}$　　3. $|\boldsymbol{A}^{10}| = 3^{10}, \boldsymbol{A}\boldsymbol{A}^{\mathrm{T}} = \begin{pmatrix} 2 & 5 & 0 & 0 \\ 5 & 13 & 0 & 0 \\ 0 & 0 & 13 & 2 \\ 0 & 0 & 2 & 1 \end{pmatrix}$

4. $\begin{pmatrix} |\boldsymbol{B}|\boldsymbol{A}^* & \boldsymbol{O} \\ \boldsymbol{O} & |\boldsymbol{A}|\boldsymbol{B}^* \end{pmatrix}$　　5. $(-1)^{mn}3^m ab$

3.4.5

一、$\begin{pmatrix} 4 & 5 & 2 \\ 1 & 2 & 2 \\ 7 & 8 & 2 \end{pmatrix}$

二、C

三、1. $\begin{pmatrix} \frac{7}{6} & \frac{2}{3} & -\frac{3}{2} \\ -1 & -1 & 2 \\ -\frac{1}{2} & 0 & \frac{1}{2} \end{pmatrix}$　　2. (1) $\begin{pmatrix} 10 & 2 \\ -15 & -3 \\ 12 & 4 \end{pmatrix}$　(2) $\begin{pmatrix} 2 & -1 & -1 \\ -4 & 7 & 4 \end{pmatrix}$

3. $\boldsymbol{X} = \begin{pmatrix} 3 & -1 \\ 2 & 0 \\ 1 & -1 \end{pmatrix}$

四、(1) 略　(2) $\boldsymbol{E}(2,3)$

3.4.6

一、1. 3　　2. 1　　3. $m+n$　　4. 0

二、1. B　　2. B　　3. B

三、1. $a=-1,b=2$　　2. (1) 2, $\begin{vmatrix}3 & 1\\1 & -1\end{vmatrix}$　(2) 3, $\begin{vmatrix}0 & 7 & -5\\5 & 8 & 0\\3 & 2 & 0\end{vmatrix}$　　3. -1

3.5

一、1. $\frac{1}{6}\boldsymbol{A}$　　2. 2　　3. $\boldsymbol{O}_{3\times3}$　　4. $\begin{pmatrix}-2 & 0 & 1\\0 & -1 & 0\\0 & 0 & -2\end{pmatrix}$　　5. 2

二、1. C　　2. B　　3. A　　4. B　　5. D

三、1. $\begin{pmatrix}4 & 0\\11 & 2\\14 & 5\end{pmatrix}$　　2. $\begin{pmatrix}1 & 0 & 0 & 0\\-2 & 1 & 0 & 0\\1 & -2 & 1 & 0\\0 & 1 & -2 & 1\end{pmatrix}$　　3. $\boldsymbol{O}_{3\times3}$　　4. 2

5. $\begin{pmatrix}1 & 1 & 2 & -1\\-1 & -1 & -1 & 2\\0 & 0 & 2 & 0\\0 & 0 & 0 & 2\end{pmatrix}$

四、略

3.6

一、1. $\begin{pmatrix}1 & 0 & 0\\2 & 0 & 0\\-2 & 1 & 1\end{pmatrix}$　　2. $3^{n-1}\boldsymbol{A}$　　3. $\boldsymbol{O}_{3\times3}$　　4. 0　　5. a^{n-1}

6. $f(x)=-x+3$　　7. $\boldsymbol{A}(\boldsymbol{A}+\boldsymbol{B})^{-1}\boldsymbol{B}$　　8. -1　　9. $\begin{pmatrix}6 & 0 & 0 & 0\\0 & 6 & 0 & 0\\6 & 0 & 6 & 0\\3 & 0 & 3 & -1\end{pmatrix}$

10. -16　　11. $a=\frac{21}{5}$　　12. $\boldsymbol{A}=(\boldsymbol{C}^{-1},\boldsymbol{O}_{n\times3})$　　13. $\begin{pmatrix}\boldsymbol{A}^{-1} & \boldsymbol{O}\\-\boldsymbol{C}^{-1}\boldsymbol{B}\boldsymbol{A}^{-1} & \boldsymbol{C}^{-1}\end{pmatrix}$

14. $\begin{pmatrix}4 & 0\\0 & 1\end{pmatrix}\begin{pmatrix}1 & 0\\5 & 1\end{pmatrix}\begin{pmatrix}1 & 0\\0 & 3\end{pmatrix}$　　15. $a\neq b,a+2b=0$　　16. $\lambda=1$

二、略

4.4

4.4.1

一、1. B　2. A　3. B

二、$\begin{cases} x_1=-8 \\ x_2=-3 \\ x_3=15 \end{cases}$

三、$\begin{pmatrix} x_1 \\ x_2 \\ x_3 \\ x_4 \end{pmatrix}=c_1\begin{pmatrix} -2 \\ 1 \\ 0 \\ 0 \end{pmatrix}+c_2\begin{pmatrix} 1 \\ 0 \\ 0 \\ 1 \end{pmatrix},c_1,c_2\in\mathbf{R}$

四、(1) 无解　(2) $\boldsymbol{x}=k_1(3,2,0,0)^{\mathrm{T}}+k_2(1,0,22,-16)^{\mathrm{T}}+\left(\frac{1}{2},0,0,0\right)^{\mathrm{T}}$

五、当$b-5a+2=0$时有解；通解为

$$\boldsymbol{x}=k_1\begin{pmatrix} 1 \\ -2 \\ 1 \\ 0 \\ 0 \end{pmatrix}+k_2\begin{pmatrix} 1 \\ -2 \\ 0 \\ 1 \\ 0 \end{pmatrix}+\begin{pmatrix} a-3 \\ 4-a \\ 0 \\ 0 \\ a-1 \end{pmatrix},\quad \text{其中 } k_1,k_2 \text{ 为任意常数}$$

4.4.2

一、1. D　2. B

二、1. $\boldsymbol{x}=\left(-\frac{5}{2},1,\frac{7}{2},-8\right)^{\mathrm{T}}$　2. $(1,1,1,1)^{\mathrm{T}}$

三、1. $\boldsymbol{\beta}=2\boldsymbol{\alpha}_1-\boldsymbol{\alpha}_2+\boldsymbol{\alpha}_3$　2. $\boldsymbol{\beta}$不能表示为其余向量的线性组合

四、(1) 当$a\neq-4$且$b\neq0$时，向量$\boldsymbol{\beta}$不能被向量组A线性表示

(2) 当$a\neq-4$时，向量$\boldsymbol{\beta}$能被向量组A线性表示，且表示法唯一

(3) 当$a=-4$且$b=0$时，向量$\boldsymbol{\beta}$能被向量组A线性表示，且表示法不唯一，

$$\boldsymbol{\beta}=k\boldsymbol{\alpha}_1-(1+b+2k)\boldsymbol{\alpha}_2+(1+2b)\boldsymbol{\alpha}_3,\quad k\in\mathbf{R}$$

五、$(5,6,11)^{\mathrm{T}}$

4.4.3

一、1. D　2. D　3. C　4. C.　5. B

二、1. 2　2. 24

三、1. 线性无关　2. 线性相关

四、略

五、略

4.4.4

一、1. × 2. × 3. √ 4. ×

二、1. D 2. C 3. D 4. D 5. A

三、1. 3 2. 无关

四、向量组的秩为 3，$\boldsymbol{\alpha}_1,\boldsymbol{\alpha}_2,\boldsymbol{\alpha}_4$ 是一个最大线性无关组，并且 $\boldsymbol{\alpha}_3=-\boldsymbol{\alpha}_1+\boldsymbol{\alpha}_2$，$\boldsymbol{\alpha}_5=-\boldsymbol{\alpha}_1+2\boldsymbol{\alpha}_2+\boldsymbol{\alpha}_4$

五、当 $k=14$ 时，向量组 $\boldsymbol{a}_1,\boldsymbol{a}_2,\boldsymbol{a}_3,\boldsymbol{a}_4$ 线性相关. 向量组的最大线性无关组是 $\boldsymbol{a}_1,\boldsymbol{a}_2,\boldsymbol{a}_3$，且 $\boldsymbol{a}_4=2\boldsymbol{a}_1+\boldsymbol{a}_2-\boldsymbol{a}_3$

4.4.5

一、1. D 2. C 3. D 4. B

二、1. 1 2. $k(2,-1,0,-1)^{\mathrm{T}}$

三、基础解系为 $(2,5,7,0)^{\mathrm{T}},(3,4,0,7)^{\mathrm{T}}$；通解为 $\boldsymbol{x}=c_1(2,5,7,0)^{\mathrm{T}}+c_2(3,4,0,7)^{\mathrm{T}}$ (c_1,c_2 为任意常数)

四、导出组的基础解系为 $\boldsymbol{\xi}_1=\begin{pmatrix}0\\1\\1\\0\end{pmatrix}$，$\boldsymbol{\xi}_2=\begin{pmatrix}1\\0\\2\\0\end{pmatrix}$，原方程组的通解为

$$\begin{pmatrix}x_1\\x_2\\x_3\\x_4\end{pmatrix}=c_1\begin{pmatrix}0\\1\\1\\0\end{pmatrix}+c_2\begin{pmatrix}1\\0\\2\\0\end{pmatrix}+\begin{pmatrix}0\\1\\0\\0\end{pmatrix},\quad c_1,c_2\in\mathbf{R}$$

五、当 $a=5$ 时，方程组有解，特解 $\boldsymbol{\gamma}_0=(0,1,0,0)^{\mathrm{T}}$，其导出组的基础解系为 $\boldsymbol{\eta}_1=(0,-2,1,0)^{\mathrm{T}},\boldsymbol{\eta}_2=(-4,1,0,1)^{\mathrm{T}}$，原方程组的全部解为 $\boldsymbol{X}=\boldsymbol{\gamma}_0+k_1\boldsymbol{\eta}_1+k_2\boldsymbol{\eta}_2,k_1,k_2$ 为任意常数

六、$\boldsymbol{x}=k\begin{pmatrix}3\\4\\5\\6\end{pmatrix}+\begin{pmatrix}2\\3\\4\\5\end{pmatrix}(k\in\mathbf{R})$

4.5

一、1. D 2. A 3. C 4. D 5. C

二、1. $\dfrac{1}{2}$ 2. $\boldsymbol{x}=k\begin{pmatrix}-1\\1\\-1\\2\end{pmatrix}+\begin{pmatrix}1\\2\\3\\4\end{pmatrix}(k\in\mathbf{R})$

三、1. (1) 当$a=-1,b\neq 0$时，$\boldsymbol{\beta}$不能表示成$\boldsymbol{\alpha}_1,\boldsymbol{\alpha}_2,\boldsymbol{\alpha}_3,\boldsymbol{\alpha}_4$的线性组合

(2) 当$a\neq -1$时，表示式唯一，且$\boldsymbol{\beta}=-\dfrac{2b}{a+1}\boldsymbol{\alpha}_1+\dfrac{a+b+1}{a+1}\boldsymbol{\alpha}_2+\dfrac{b}{a+1}\boldsymbol{\alpha}_3+0\boldsymbol{\alpha}_4$

2. (1) 原向量组的秩为3，$\boldsymbol{\alpha}_1,\boldsymbol{\alpha}_2,\boldsymbol{\alpha}_3$为所求的极大无关组

(2) $\boldsymbol{\alpha}_4=\boldsymbol{\alpha}_1-2\boldsymbol{\alpha}_2+\boldsymbol{\alpha}_3$

3. 基础解系为$\boldsymbol{\xi}_1=\begin{pmatrix}-2\\1\\1\\0\\0\end{pmatrix},\boldsymbol{\xi}_2=\begin{pmatrix}-1\\-3\\0\\1\\0\end{pmatrix},\boldsymbol{\xi}_3=\begin{pmatrix}2\\1\\0\\0\\1\end{pmatrix}$，方程组的通解为$\boldsymbol{x}=k_1\boldsymbol{\xi}_1+k_2\boldsymbol{\xi}_2+k_3\boldsymbol{\xi}_3$ ($k_1,k_2,k_3\in\mathbf{R}$)

4. 当$b\neq 2$，即$b-2\neq 0$时，方程组无解；

当$b=2,a\neq 1$，即$b-2=0,a-1\neq 0$时，方程组有唯一解；

当$b=2,a=1$，即$b-2=0,a-1=0$时，方程组有无穷多解，方程组的通解为

$$\boldsymbol{x}=\begin{pmatrix}-1\\2\\0\end{pmatrix}+c\begin{pmatrix}-2\\1\\1\end{pmatrix}\quad(c\in\mathbf{R})$$

5. 非齐次线性方程组的通解为$k_1\begin{pmatrix}0\\0\\-1\end{pmatrix}+k_2\begin{pmatrix}0\\1\\0\end{pmatrix}+\begin{pmatrix}\frac{1}{2}\\0\\\frac{1}{2}\end{pmatrix}(k_1,k_2\in\mathbf{R})$

6. $a=-2,b=3$，全部公共解为$k(0,2,-3,1)^{\mathrm{T}}$ (k为任意常数)

四、略

4.6

一、1. B　2. A　3. D　4. B　5. C　6. B

二、1. $\boldsymbol{x}=\begin{pmatrix}k\\k\\1\end{pmatrix}$，$k$为任意实数　2. $\boldsymbol{x}=\dfrac{1}{3}\begin{pmatrix}1\\2\\3\\4\end{pmatrix}+k\begin{pmatrix}1\\1\\1\\1\end{pmatrix}$，$k$为任意实数

三、1. 当$a\neq -1$时，向量组(Ⅰ)与向量组(Ⅱ)等价；当$a=-1$时，向量组(Ⅰ)与向量组(Ⅱ)不等价

2. $a=2,b=1,c=2$

3. 当$k\neq 9$时, $\boldsymbol{Ax}=\mathbf{0}$ 的通解为: $\boldsymbol{x}=k_1\begin{pmatrix}1\\2\\3\end{pmatrix}+k_2\begin{pmatrix}3\\6\\k\end{pmatrix}$, k_1,k_2 为任意常数.

当$k=9$时, 若$R(\boldsymbol{A})=2$, 则 $\boldsymbol{Ax}=\mathbf{0}$ 的通解为: $\boldsymbol{x}=k_1\begin{pmatrix}1\\2\\3\end{pmatrix}$, k_1 为任意常数.

若$R(\boldsymbol{A})=1$, 则$\boldsymbol{Ax}=\mathbf{0}$的同解方程组为: $ax_1+bx_2+cx_3=0$, 不妨设$a\neq 0$, 则其通解为

$$\boldsymbol{x}=k_1\begin{pmatrix}-\dfrac{b}{a}\\1\\0\end{pmatrix}+k_2\begin{pmatrix}-\dfrac{c}{a}\\0\\1\end{pmatrix},\quad k_1,k_2 \text{ 为任意常数}$$

4. (1) $x_1+2x_2-3x_3=0$ (2) $\begin{cases}4x_1-x_4+x_5=0\\4x_2-4x_3+x_4-5x_5=0\end{cases}$

5. (1) 方程组(Ⅰ)的基础解系为$\boldsymbol{\xi}_1=\begin{pmatrix}0\\0\\1\\0\end{pmatrix}$, $\boldsymbol{\xi}_2=\begin{pmatrix}-1\\1\\0\\1\end{pmatrix}$

(2) 方程组(Ⅰ)与(Ⅱ)有非零公共解, 全部非零公共解 $\boldsymbol{x}=k_1(-1,1,1,1)^{\mathrm{T}}$ ($k_1\in\mathbf{R}$, 且 $k_1\neq 0$)

6. $\lambda=\dfrac{7}{2}$, $|\boldsymbol{B}|=0$

7. (1) $\boldsymbol{B}=\begin{pmatrix}0&0&0\\1&0&3\\0&1&-2\end{pmatrix}$ (2) $|\boldsymbol{A}|=0$

四、略

5.4

5.4.1

一、1. $\dfrac{1}{5}\boldsymbol{\alpha}$ 2. 1 3. -8

二、1. $\boldsymbol{\alpha}^{\mathrm{T}}\boldsymbol{\beta}=0,\theta=\dfrac{\pi}{2}$ 2. $(\boldsymbol{\beta}_1,\boldsymbol{\beta}_2,\boldsymbol{\beta}_3)=\begin{pmatrix}1&-1&\dfrac{1}{3}\\1&0&\dfrac{-2}{3}\\1&1&\dfrac{1}{3}\end{pmatrix}$

3. 正交化: $\boldsymbol{\beta}_1=(1,1,1)^{\mathrm{T}},\boldsymbol{\beta}_2=\dfrac{1}{3}(-1,2,-1)^{\mathrm{T}},\boldsymbol{\beta}_3=(2,0,-2)^{\mathrm{T}}$;

单位化: $\boldsymbol{\xi}_1=\dfrac{1}{\sqrt{3}}(1,1,1)^{\mathrm{T}},\boldsymbol{\xi}_2=\dfrac{1}{3\sqrt{6}}(-1,2,-1)^{\mathrm{T}},\boldsymbol{\xi}_3=\dfrac{1}{\sqrt{2}}(1,0,1)^{\mathrm{T}}$, $\boldsymbol{\alpha}=2\sqrt{3}\boldsymbol{\xi}_1+\sqrt{2}\boldsymbol{\xi}_3$

4. $\boldsymbol{\alpha}_2=(2,1,0)^{\mathrm{T}},\boldsymbol{\alpha}_3=\dfrac{1}{5}(-1,2,5)^{\mathrm{T}}$

5. (1) 不是 (2) 是

6. 略

5.4.2

一、1. $-1,1,\dfrac{1}{2};2,4,5$ 2. 7 3. $-\dfrac{1}{3}$

二、1. D 2. C 3. C

三、1. (1) $\lambda_1=-1,\lambda_2=9,\lambda_3=0$, $\boldsymbol{p}_1=\begin{pmatrix}1\\-1\\0\end{pmatrix},\boldsymbol{p}_2=\begin{pmatrix}1\\1\\2\end{pmatrix},\boldsymbol{p}_3=\begin{pmatrix}1\\1\\-1\end{pmatrix}$

(2) $\lambda_1=\lambda_2=\lambda_3=-1$, $\boldsymbol{p}=\begin{pmatrix}1\\1\\-1\end{pmatrix}$

2. $\boldsymbol{\alpha}_1$是矩阵$\boldsymbol{A}$的特征向量, 对应的特征值是 1; $\boldsymbol{\alpha}_3$也是$\boldsymbol{A}$的特征向量, 对应的特征值是 3; $\boldsymbol{\alpha}_2$不是矩阵$\boldsymbol{A}$的特征向量

5.4.3

一、1. A 2. A 3. D 4. A 5. A 6. B

二、1. (1) $x=4,y=5$ (2) $\boldsymbol{P}=(\boldsymbol{\alpha}_1,\boldsymbol{\alpha}_2,\boldsymbol{\alpha}_3)=\begin{pmatrix}-1&-1&2\\2&0&1\\0&1&2\end{pmatrix}$

2. $\boldsymbol{A}=\begin{pmatrix}-2&3&-3\\-4&5&-3\\-4&4&-2\end{pmatrix}$, $\boldsymbol{A}^5=\begin{pmatrix}-2^5&2^5+1&-2^5-1\\-2^6&2^6+1&-2^5-1\\-2^6&2^6&-2^5\end{pmatrix}$

5.4.4

一、1. 2 2. 1 3. 3, 3, 2

二、1. $\boldsymbol{P}=\begin{pmatrix}0&1&0\\\dfrac{1}{\sqrt{2}}&0&\dfrac{1}{\sqrt{2}}\\\dfrac{1}{\sqrt{2}}&0&-\dfrac{1}{\sqrt{2}}\end{pmatrix}$ 2. $\boldsymbol{P}=\begin{pmatrix}0&\dfrac{1}{\sqrt{2}}&\dfrac{1}{\sqrt{2}}\\1&0&0\\0&\dfrac{1}{\sqrt{2}}&-\dfrac{1}{\sqrt{2}}\end{pmatrix}$

3. $A^n=\frac{1}{2}\begin{pmatrix}1+(-2)^n & 0 & 1-(-2)^n\\ 0 & 2 & 0\\ 1-(-2)^n & 0 & 1+(-2)^n\end{pmatrix}$

5.5

一、1. D　2. D　3. A　4. D　5. B

二、1. 0　2. 0　3. $(2-3)(4-3)\cdots(2n-3)$　4. 4　5. 1　6. 0

三、1. $\lambda=-1$，$a=-3$，$b=0$.

2. $A\beta=2Ax_1+Ax_2=2\lambda_1x_1+\lambda_2x_2=(0,-2,-4)^{\mathrm{T}}$

3. (1) $a=5,b=6$　(2) $P=\begin{pmatrix}1 & 0 & 1\\ 0 & 1 & -2\\ 1 & 1 & 3\end{pmatrix}$

4. $Q=\begin{pmatrix}\frac{1}{3} & -\frac{2}{3} & -\frac{2}{3}\\ \frac{2}{3} & -\frac{1}{3} & -\frac{2}{3}\\ \frac{2}{3} & \frac{2}{3} & \frac{1}{3}\end{pmatrix}$为正交矩阵，$Q^{\mathrm{T}}AQ=\begin{pmatrix}-2 & & \\ & 1 & \\ & & 4\end{pmatrix}$

5. $A=\begin{pmatrix}1 & 0 & 0\\ 0 & 0 & -1\\ 0 & -1 & 0\end{pmatrix}$

四、略

5.6

1. $Q=\begin{pmatrix}\frac{1}{9} & -\frac{8}{9} & -\frac{4}{9}\\ -\frac{8}{9} & \frac{1}{9} & -\frac{4}{9}\\ -\frac{4}{9} & -\frac{4}{9} & \frac{7}{9}\end{pmatrix}$

2. $P=(2\alpha_1-\alpha_3,2\alpha_2-\alpha_3,\alpha_2+\alpha_3)$，$P^{-1}AP=\begin{pmatrix}1 & & \\ & 1 & \\ & & 4\end{pmatrix}$

3. $A=\begin{pmatrix}-2 & 3 & -3\\ -4 & 5 & -3\\ -4 & 4 & -2\end{pmatrix}$

4. (1) $\boldsymbol{A}$ 的属于特征值 $\lambda_3=0$ 的全部特征向量为: $k\boldsymbol{\alpha}=k(-1,1,1)^{\mathrm{T}}\ (k\neq 0)$

(2) $\boldsymbol{A}=\begin{pmatrix}4&2&2\\2&4&-2\\2&-2&4\end{pmatrix}$

5. (1) $\boldsymbol{A}$ 的特征值为: 3, 0, 0; 属于 3 的特征向量为 $c\boldsymbol{\alpha}_0(c\neq 0)$; 属于 0 的特征向量为 $c_1\boldsymbol{\alpha}_1+c_2\boldsymbol{\alpha}_2(c_1,c_2$ 不全为零)

(2) $\boldsymbol{\eta}_0=\left(\dfrac{\sqrt{3}}{3},\dfrac{\sqrt{3}}{3},\dfrac{\sqrt{3}}{3}\right)^{\mathrm{T}}$, 对 $\boldsymbol{\alpha}_1,\boldsymbol{\alpha}_2$ 施密特正交化, 得

$$\boldsymbol{\eta}_1=\left(0,-\frac{\sqrt{2}}{2},\frac{\sqrt{2}}{2}\right)^{\mathrm{T}},\quad \boldsymbol{\eta}_2=\left(-\frac{\sqrt{6}}{3},\frac{\sqrt{6}}{6},\frac{\sqrt{6}}{6}\right)^{\mathrm{T}},$$

令 $\boldsymbol{Q}=(\boldsymbol{\eta}_0,\boldsymbol{\eta}_1,\boldsymbol{\eta}_2)$, 则 $\boldsymbol{Q}$ 是正交矩阵, 并且 $\boldsymbol{Q}^{\mathrm{T}}\boldsymbol{A}\boldsymbol{Q}=\boldsymbol{Q}^{-1}\boldsymbol{A}\boldsymbol{Q}=\begin{pmatrix}3&&\\&0&\\&&0\end{pmatrix}$

(3) $\boldsymbol{A}=\begin{pmatrix}1&1&1\\1&1&1\\1&1&1\end{pmatrix}$

6. $\alpha=-3,\beta=-4,\ \lambda_3=3$

7. $a=c=2,\lambda_0=1,b=-3$

8. (1) $\lambda=-1,a=-3,b=0$　(2) $\boldsymbol{A}$ 不能相似对角化

9. (1) $\boldsymbol{A}$ 的特征值为 $\lambda_1=-1,\lambda_2=1,\lambda_3=0$, 所对应的所有特征向量分别为 $k_1\begin{pmatrix}1\\0\\-1\end{pmatrix}$, $k_2\begin{pmatrix}1\\0\\1\end{pmatrix},k_3\begin{pmatrix}0\\1\\0\end{pmatrix}$,其中 k_1,k_2,k_3 为非零常数

(2) $\boldsymbol{A}=\begin{pmatrix}0&0&1\\0&0&0\\1&0&0\end{pmatrix}$

10. $\boldsymbol{\beta}=2\boldsymbol{\xi}_1+\boldsymbol{\xi}_2+\boldsymbol{\xi}_3$, $\boldsymbol{A}^n\boldsymbol{\beta}=\begin{pmatrix}2(-1)^n+1\\2(-1)^{n+1}-1+3^n\\1-3^n\end{pmatrix}$

11. $\psi(\boldsymbol{A})=2\begin{pmatrix}1&1&-2\\1&1&-2\\-2&-2&4\end{pmatrix}$

6.4

6.4.1

一、1. $\begin{pmatrix} 2 & -1 & 4 \\ -1 & -3 & 3 \\ 4 & 3 & 1 \end{pmatrix}$　　2. 3　　3. 2

二、1. (1) $\boldsymbol{A}=\begin{pmatrix} 1 & 2 & 0 \\ 2 & 2 & -3 \\ 0 & -3 & -3 \end{pmatrix}$. $R(\boldsymbol{A})=3$

(2) $\boldsymbol{A}=\begin{pmatrix} 1 & 3 & 5 \\ 3 & 5 & 7 \\ 5 & 7 & 9 \end{pmatrix}$. $R(\boldsymbol{A})=3$

2. (1) $3x_1^2+x_2^2-2x_1x_2$

(2) $x_1^2+x_2^2+x_3^2+x_4^2-2x_1x_2+4x_1x_3-2x_1x_4+6x_2x_3-4x_2x_4$

三、$R(\boldsymbol{A})=3$

6.4.2

一、1. D　　2. D　　3. A

二、1. $f=2y_1^2+5y_2^2+y_3^2$.

2. (1) 标准形：$f=y_1^2-2y_2^2+y_3^2$；变换矩阵为$\boldsymbol{C}=\begin{pmatrix} 1 & -5 & 2 \\ 0 & 1 & 0 \\ 0 & -2 & 1 \end{pmatrix}$

(2) 标准形：$f=z_1^2-z_2^2-z_3^2$；变换矩阵为$\boldsymbol{C}=\begin{pmatrix} 1 & -1 & -1 \\ 1 & 1 & -1 \\ 0 & 0 & 1 \end{pmatrix}$

(3) 标准形：$f=y_1^2-3y_2^2$；变换矩阵为$\boldsymbol{C}=\begin{pmatrix} 1 & 2 & 1 \\ 0 & 1 & 1 \\ 0 & 0 & 1 \end{pmatrix}$

6.4.3

一、1. 可逆　　2. 2　　3. $y_1^2-y_2^2$　　4. 不定

二、1. B　　2. B　　3. B　　4. D　　5. B

三、(1) f 为负定　(2) f 为正定

四、略

6.5

一、1. √　2. ×　3. ×　4. √　5. ×

二、1. C　2. A　3. B　4. C　5. D　6. A　7. A　8. B

三、1. 标准形: $f=y_1^2-3y_2^2$；变换矩阵为$\boldsymbol{C}=\begin{pmatrix}1&2&1\\0&1&1\\0&0&1\end{pmatrix}$

2. 标准形: $f=z_1^2-z_2^2-2z_3^2$；变换矩阵为$\boldsymbol{C}=\begin{pmatrix}1&1&-2\\1&-1&-1\\0&0&1\end{pmatrix}$

四、f为正定二次型

五、标准形$4y_2^2+9y_3^2=1$，它表示的曲面为椭圆柱面

六、略

6.6

一、1. 2　2. $0<a<\sqrt{3}$　3. 正定

二、1. C　2. B　3. D　4. D　5. C

三、1. 正交矩阵

$$\boldsymbol{P}=(\boldsymbol{\eta}_1,\boldsymbol{\eta}_2,\boldsymbol{\eta}_3)=\begin{pmatrix}-\frac{1}{\sqrt{6}}&\frac{1}{\sqrt{2}}&\frac{1}{\sqrt{3}}\\\frac{1}{\sqrt{6}}&\frac{1}{\sqrt{2}}&\frac{1}{\sqrt{3}}\\\frac{2}{\sqrt{6}}&0&\frac{1}{\sqrt{3}}\end{pmatrix},$$

标准形 $f=4y_2^2+9y_3^2$

2. $f=2z_1^2-\frac{1}{2}z_2^2+6z_3^2$，$\boldsymbol{C}=\begin{pmatrix}1&-\frac{1}{2}&3\\1&\frac{1}{2}&-1\\0&0&1\end{pmatrix}$

3. 二次型的规范形为 $f=t_1^2+t_2^2-t_3^2$，变换矩阵为$\begin{pmatrix}\frac{1}{\sqrt{2}}&\frac{3}{\sqrt{6}}&-\frac{\sqrt{2}}{2}\\\frac{1}{\sqrt{2}}&-\frac{1}{\sqrt{6}}&\frac{\sqrt{2}}{2}\\0&\frac{1}{\sqrt{6}}&0\end{pmatrix}$

4. $0<t<\dfrac{4}{5}$

四、略

模拟试卷一

一、1. 0, 2　　2. 4, 2　　3. 1　　4. $f=x_1^2+2x_2^2+2x_3^2+2x_1x_3$，$r=3$

5. (1, −1, 1)　　6. −1

二、1. B　　2. C　　3. D　　4. C　　5. A　　6. D

三、1. $\left|\boldsymbol{AB}^{\mathrm{T}}\right|=48$，$|\boldsymbol{A}+\boldsymbol{B}|=8$，$\left|-\dfrac{1}{2}\boldsymbol{B}^*\right|=-8$

2. $\boldsymbol{X}=\begin{pmatrix}5&-2\\-2&3\end{pmatrix}$

四、略

五、1. 有解, 导出组的一个基础解系为$\xi=(-3,2,1)^{\mathrm{T}}$，方程组通解为$\boldsymbol{\eta}=\boldsymbol{\eta}^*+k\xi=(-1,1,0)^{\mathrm{T}}+k(-3,2,1)^{\mathrm{T}}$，其中$k$为任意常数

2. $\boldsymbol{A}^{-1}=\dfrac{\boldsymbol{A}-2\boldsymbol{E}}{4}$，$(\boldsymbol{A}+\boldsymbol{E})^{-1}=\boldsymbol{A}-3\boldsymbol{E}$

3. 特征值$\lambda_1=\lambda_2=-1,\lambda_3=4$.

当$\lambda_1=\lambda_2=-1$时, 特征向量为$k_1(1,0,-2)^{\mathrm{T}}+k_2(0,1,-3)^{\mathrm{T}},k_1,k_2$不全为0.

当$\lambda_3=4$时, 特征向量为$k_3(1,1,0)^{\mathrm{T}},k_3\neq0$.

$\boldsymbol{A}$有三个线性无关的特征向量, 故$\boldsymbol{A}$可对角化

模拟试卷二

一、1. 5　　2. 2　　3. 32　　4. 14　　5. 36　　6. 2

二、1. A　　2. C　　3. B　　4. B　　5. D　　6. A

三、1. √　　2. ×　　3. ×　　4. ×　　5. √　　6. √　　7. ×

四、1. $D=200$

2. $\boldsymbol{B}=\begin{pmatrix}3&0&-2\\2&-1&-2\\-2&4&5\end{pmatrix}$

五、1. 有解; 原方程组的一个特解为$\boldsymbol{\eta}^*=(1,0,1,0)^{\mathrm{T}}$，导出组的基础解系为

$$\xi_1=(1,1,0,0)^{\mathrm{T}},\quad \xi_2=(1,0,2,1)^{\mathrm{T}}.$$

原方程组的通解为$\boldsymbol{x}=c_1\boldsymbol{\xi}_1+c_2\boldsymbol{\xi}_2+\boldsymbol{\eta}^*$，其中$c_1,c_2$为任意常数

2. (1) 该向量组的秩为2, 小于向量个数4, 所以向量组线性相关

(2) $\boldsymbol{\alpha}_1,\boldsymbol{\alpha}_2$是该向量组的一个最大无关组，且

$$\boldsymbol{\alpha}_3=\frac{4}{3}\boldsymbol{\alpha}_1-\frac{1}{3}\boldsymbol{\alpha}_2,\quad \boldsymbol{\alpha}_4=\frac{13}{3}\boldsymbol{\alpha}_1+\frac{2}{3}\boldsymbol{\alpha}_2$$

3. (1) $a=2$

(2) $\boldsymbol{P}=(\boldsymbol{\alpha}_1,\boldsymbol{\alpha}_2,\boldsymbol{\alpha}_3)=\begin{pmatrix}1&0&1\\-1&0&1\\0&1&0\end{pmatrix}$使得$\boldsymbol{P}^{-1}\boldsymbol{A}\boldsymbol{P}=\boldsymbol{B}$

模拟试卷三

一、1. C　2. B　3. C　4. D　5. D

二、1. 9　2. $|\boldsymbol{A}|^{n-2}\boldsymbol{A}$　3. 3　4. $a_1+a_2+a_3+a_4=0$　5. 12, −8, −6

三、略

四、1. (1) $A_{11}+A_{12}+A_{13}+A_{14}=0$　(2) $M_{14}+M_{24}+M_{34}+M_{44}=-74$

2. $\boldsymbol{A}=\frac{1}{3}\begin{pmatrix}-1&0&2\\0&1&2\\2&2&0\end{pmatrix}$, $\boldsymbol{A}^{50}=\frac{1}{9}\begin{pmatrix}5&4&-2\\4&5&2\\-2&2&8\end{pmatrix}$

3. $\boldsymbol{X}=\begin{pmatrix}\frac{1}{4}&\frac{1}{4}&0\\0&\frac{1}{4}&\frac{1}{4}\\\frac{1}{4}&0&\frac{1}{4}\end{pmatrix}$

五、1. (1) $a\neq1$时，$R(\boldsymbol{A})=R(\boldsymbol{A},\boldsymbol{b})=4$，有唯一解

(2) $a=1$且$b\neq-1$时，$R(\boldsymbol{A})\neq R(\boldsymbol{A},\boldsymbol{b})$，无解

(3) $a=1$且$b=-1$时，$R(\boldsymbol{A})=R(\boldsymbol{A},\boldsymbol{b})=2$，有无穷解

2. $\boldsymbol{x}=k(2\boldsymbol{\eta}_1-\boldsymbol{\eta}_2-\boldsymbol{\eta}_3)+\boldsymbol{\eta}_1=k\begin{pmatrix}3\\4\\5\\6\end{pmatrix}+\begin{pmatrix}1\\2\\3\\4\end{pmatrix},k\in\mathbf{R}$

六、作正交变换$\begin{pmatrix}x_1\\x_2\\x_3\end{pmatrix}=\begin{pmatrix}\frac{-1}{\sqrt{6}}&\frac{1}{\sqrt{2}}&\frac{1}{\sqrt{3}}\\\frac{1}{\sqrt{6}}&\frac{1}{\sqrt{2}}&\frac{-1}{\sqrt{3}}\\\frac{2}{\sqrt{6}}&0&\frac{1}{\sqrt{3}}\end{pmatrix}\begin{pmatrix}y_1\\y_2\\y_3\end{pmatrix}$，则可将二次曲面方程化为标准形$4y_2^2+9y_3^2=1$，它表示的曲面为椭圆柱面